人造时代

10 种技术如何改写人类未来

Christopher J. Preston

［英］
克里斯托弗·J. 普雷斯顿
著

赵世珍 译

中信出版集团 | 北京

图书在版编目（CIP）数据

人造时代：10种技术如何改写人类未来 /（英）克里斯托弗·J. 普雷斯顿著；赵世珍译. -- 北京：中信出版社，2022.6

书名原文：The Synthetic Age: Outdesigning Evolution, Resurrecting Species, and Reengineering Our World

ISBN 978-7-5217-4357-9

Ⅰ. ①人… Ⅱ. ①克… ②赵… Ⅲ. ①科学技术－普及读物 Ⅳ. ① N49

中国版本图书馆 CIP 数据核字（2022）第 076047 号

人造时代：10种技术如何改写人类未来
著者：［英］克里斯托弗·J. 普雷斯顿
译者：赵世珍
出版发行：中信出版集团股份有限公司
（北京市朝阳区惠新东街甲4号富盛大厦2座　邮编　100029）
承印者：宝蕾元仁浩（天津）印刷有限公司

开本：880mm×1230mm　1/32　印张：8.25　字数：165千字
版次：2022年6月第1版　印次：2022年6月第1次印刷
京权图字：01–2020–1260　书号：ISBN 978–7–5217–4357–9
定价：65.00元

服务热线：400–600–8099
投稿邮箱：author@citicpub.com

未来的“民主”不仅是要废除旧的等级制度，它更意味着让整个世界凝聚在一起。

——杰迪代亚 · 珀迪（Jedediah Purdy），著有《自然之后》（*After Nature*）

对托比、杰西卡、爱丽丝……来说，

他们的生活将被人造时代改变。

目 录

致　谢

我的妻子、父母和兄弟姐妹一直以来全力支持着我和我的事业。对于多年来他们为我付出的一切，我发自内心表示感谢。

我的很多朋友、同事和熟人都在不同阶段向我提供过帮助，使我的创作逐渐成形并顺利完成。在此我想要感谢弗恩·威克森、斯韦恩·安德斯·利、杰夫·吉尔伯特、杰克·汉森、帕特里克·凯利、阿蒙德·杜韦尔、尼尔·安德森、珍妮弗·贝克、杰克·罗恩、贝丝·克莱文杰、特德·卡顿、布拉德利·拉夫顿，感谢他们提供的信息和鼓励。

最后，我的经纪人凯文·奥康纳在写作方面给我提供了莫大的帮助。他富有魅力、勤奋、博学、风趣又敬业。正是因为他，读者此刻才能读到这本书。毫无疑问，凯文证明了自己就是作家渴望拥有的最有能力的引路人之一。

引 言

不论你是谁——科学家或者画家，农民或者哲学家，年轻的妈妈或者皱纹满面的祖父母，你看待世界的方式发生根本性改变往往始于一个觉醒的瞬间。有时候，在一瞬间发生的某件事，会打破你的整套思维和观察方式，从而上升为一种全新的认知。不久以前，在遥远的阿拉斯加海岸线上，当我和头发斑白的船长沃尔特待在一起的时候，我就经历了这个瞬间。

******

那是下午两点，我坐在一艘42英尺①长的船的后甲板上，手里攥着一根看起来很脏的鱼竿[1]，紧紧盯着露出海面四分之一英

① 1英尺≈0.3米。——编者注（后文脚注皆为编者注）

里[①]长的钓鱼线。

“准备好了吗？”沃尔特问我，“大鱼要是出现了，你的动作可得快一点。”

我点点头，挪了挪脚，确保双脚牢牢地抓住甲板。这可是我第一次尝试捕获阿拉斯加大比目鱼，还要投放到市场上卖，我可不想搞砸了。

“你的身子弯得有些过了，”沃尔特说，“这些大块头会把你直接拽进海里。它们一浮出水面就会拼了命地挣脱。”

我打了个手势表示明白，然后紧紧地靠住船上的栏杆。阿拉斯加海域的大比目鱼体重是人的两倍，对小船来说可是一场灾难。一些渔民在把大比目鱼拖上船之前，会先向它的脑袋射一发子弹，以免大比目鱼在甲板上扑腾时伤到自己。

我的心怦怦直跳，低头看向钓鱼线从海面露出的地方，一个巨大的椭圆形物体正好浮现在眼前。

那是出现在我们周围的第一条鱼。9 个小时后，我们驶进了费尔韦瑟山附近一个偏僻的小海湾。甲板下的鱼舱里装满了我们捕获的大约 1 000 磅[②]海味，被清理干净的鱼肚子里塞满了刨冰。当我们缓缓驶入小海湾时，我看到海滩上有一头棕熊，它用两只巨大的爪子紧紧地抓着一条鲑鱼。它抬头看了看我们，又很快低头享用起美味。抛锚后，船长关掉了嘈杂的柴油机。世界瞬间安

---

① 1 英里≈1.6 千米。

② 1 磅≈0.45 千克。

静了，只剩海水拍打船身的声音以及海鸥掠过天空时发出的声音，几声尖啼打破了沉寂。

一下午的繁重劳作使我筋疲力尽。临近午夜，北方夜色苍茫，我身上穿着浸满汗渍的捕鱼服，在后甲板坐了很久，凝望着群山、冰川的轮廓和海滩上那头熊渐渐消失的身影，突然一种令人悲哀的顿悟涌上心头——我终于明白了“人类彻底改变地球”这句话的含义。

船的四周毫无人迹可寻。这些外形精美的鱼都来自北美洲最偏远的海域。这些海域的鱼种类繁多，鲜少出现在其他地方。如果地球上还有地方保留着大自然的原始样貌，那很可能就是这样的地方。

我们从海中钓到大比目鱼后，用刀仔细地清理它们，之后将其堆在甲板下的冰堆里。大比目鱼肉质白嫩，但它并不是纯天然的鱼。它的体内含有从相距数千米以外的燃煤发电厂排放的大量的汞。美国食品药品监督管理局建议，一个月内安全的鱼肉食用量仅限于三小块，孕妇和儿童的食用量则要更少一些。

作为研究环境问题的大学老师，我知道理论上地球已经不存在没有被工业污染侵袭的地方了。尽管这个信息已经储存在大脑的某个角落，但是很显然我还没有完全消化吸收。而现在，我第一次感受到这一点。人类对地球的影响不仅导致积雪融化、冰川崩塌和物种数量减少，还意味着不论离制造工厂和城市中心多远，在任何地方都不能无视人类工业活动的后果。人类的印迹已经遍布全世界，并且产生了不小的影响。即使相距甚远，这些活动仍旧能够影响我们的食品安全。

从钓鱼之旅回来之后的数月里，我都在想这次宝贵的经历对未来意味着什么。我们将从这里走向何方？这正是本书想要回答的问题。

******

直到近期，人类历史上几乎所有的重大事件都发生在一个叫作全新世（Holocene）的时代。“Holocene”源自希腊语“holos”和“kainos”，它的字面意思是“完全新近的”。12 000 年以前，地球就已经进入“完全新近的”地质时期了。

在过去 10 年里，很多气候科学家、生态学家、地理学家一直认为人类对地球的过度影响意味着我们即将远离全新世。现如今，这种惩戒性质的“新现实”常被说成“人类世”（Anthropocene）或“人类时代”[2] 的到来。严格来讲，“人类世”是一个地质学概念，如果一定要说得更专业，这个概念实际上没有任何意义。它只是取代“全新世”的一个新名词。越来越多的研究人员建议未来的时代应该以某种物质来命名，这种物质的特点是它能够在每一寸土地上或每一滴海水里存在。

尽管“人类世”听起来很动听，但它并不是用来捕捉地球演变过程的唯一术语。很多其他表示新兴时代的词也被提及，每个词都反映了一个由人类主宰的星球的真正含义。有人建议使用“资本世”（Capitalocene）或“经济世”（Econocene）来概括经济活动在地球正在经历的转型中所扮演的角色。有人认为“同质世”（Homogenocene）这个词能更好地表现出人类和生物多样性正逐年减少的特点。一些女权主义者认为“男人类世”（Manthropocene）更能回答哪一类人给地球造成浩劫这个问题，也有人提议使用“欧洲世”（Eurocene），还有一些微弱的声音提议“憎恶世”（Obscene）。

比如何命名新的地质时期更重要的是我们该如何塑造这个新的时代。一个新时代的出现，并不只是意味着重新命名已经被人类劳动和工业活动悄然改变了的星球。它让我们认真思考人类将选择创造一个怎样的世界。从这个角度来看，我们如今生活在一个非凡的时代。当我们此刻还在讨论如何命名的时候，新时代已经在向我们走来。从原子层面到大气层，一系列新技术正在涌现，并共同重塑自然世界。

******

在 1967 年上映的电影《毕业生》中，一脸茫然的主人公本杰明·布拉多克（由达斯汀·霍夫曼扮演）被好心的朋友拉到一边，他被告知未来的关键词是“塑料”。就像他的这位朋友领会到的那样，本杰明身边的很多东西将由工厂使用新型的成本低廉但高度灵活的化学工艺加工合成。如果本杰明想在将来取得一番成就，他就要融入这个大趋势。

现如今，如果本杰明再听到这类建议，他可能会被告知一个令人更加难以置信的人造未来。人类将不仅能够制造一些新材料，还将有能力改变地球上某些关键的发展过程。我们正在试验重排 DNA，从而创造全新的物种；我们正在搭建新的原子和分子结构，来研发全新性能的材料；我们正在重组生态系统，同时也在尝试复活灭绝的动物；我们正在研究如何利用技术反射太阳光，从而给地球降温。通过这些方式，我们正在学习如何用自己设计的人造产品，来替代自然的运行法则。

没有人会否认地球上已经发生很多重大的转变。只不过到目前为止，人类对地球造成的影响大多都是无意为之。没有人会有意排放汞来污染阿拉斯加湾，或是倾倒工业废品来污染畅游在北极冰架下的鲸鱼。燃烧化石燃料造成大气变暖，或是大面积破坏栖息地而导致物种大灭绝，这些也不是人类蓄意为之。到目前为止，导致地球生态恶化的始作俑者并没有想过他们的行为会对地球造成怎样的破坏。

然而，从现在开始，情况将有所不同。当我们幡然醒悟自己对自然界造成的毁灭时，我们别无选择，只能在未来的行动中更加自觉。就像我们在路边看到受伤的动物要给予保护一样，我们也必须对伤痕累累的星球承担起责任。我们不能再转身离开，置若罔闻。

承担这种责任在当下显得尤为迫切。在我们必须肩负道义的关键时刻，新技术正在令周围的世界发生更加剧烈的变化，这种变化是以往的技术难以实现的。地球上最基本的生命系统，比如DNA的结构、太阳光如何穿透大气层以及生态系统是如何组成的，会越来越多地被人为设定。以前自然过程中的“无心插柳”，现在越来越多是人类决策的产物。当讨论到我们未来要居住的环境时，诺贝尔化学奖得主保罗·克鲁岑直言不讳地说道：“从现在开始，是我们决定了大自然的现在以及未来。”[3]

用人造产品替代天然产物，是“塑新世”（Plastocene）的特征。这个概念并不意味着一个充满塑料制品的世界。未来的几十年，人类可能会设法摆脱这个概念。“塑新世”是一种形象用法，将“塑料”这个名词形容词化，表明世界越来越具有可变性和可塑性。“塑新世”意味着地球前所未有的可塑性，新技术为资源的开发和利用创造了更多的可能性。

通过人为修改地球上最基础的运行法则，人类已经从发现世界过渡到创造世界。在“塑新世”，世界被分子生物学家和工程师彻底重塑，这标志着第一个人造时代的开始。[4]

在人造时代重塑地球，不只是改变地球的表面，它将深入改变地球的“新陈代谢”。推动这个新时代到来的技术不仅会改变地球的样貌，还会改变地球的运作方式。地球上的自然法则和演化进程也将逐步变为人为设定。

掌握这些转变的特点是非常重要的，因为我们需要做出关键的抉择。前路漫漫，前景尚不明朗。我们需要决定在多大程度上重塑地球。虽然在一定程度上修改自然进程是不可避免的，但在“塑新世”仍可能出现其他不同的形式，而这取决于人类的设计方案有多大的入侵性。

从某种路径来看，在接下来的这个时代，我们与地球之间的关系将意味着我们最终无法置身事外。我们在地球上的印迹不会减少，相反，我们对自然过程的干预只会越来越多。一个火力全开的“塑新世”，意味着我们将利用最顶尖的技术专家的力量，自信地、人为地甚至无情地塑造地球，而不是消极地或无意地影响自然。没有什么是人类做不到的。

有一些人反对这种高强度的干预，认为新时代的到来是一个遏制人为干预的机会。尽管我们在某些方面加强了对自然过程的干预，但是我们可以在其他方面逐渐减少这种干预。例如，通过保护某一部分 DNA 片段不被破坏，我们可以确保其性状经由生物遗传延续下去。通过规划一类完全禁止出入的景观，我们得以保护地球的原生性和独立性。出于人道主义考虑，我们鼓励发展一些行星尺度的技术，以此稍稍挽回一个正在形成的人造世界。

关于人造时代具体是什么样子的，很多问题仍旧是无解的。我们正处于关键的过渡时期，这是地球进入不同阶段的短暂的反思机会。现在我们终于认识到自身的影响程度，接下来我将提出一些建议。我们想要什么样的未来，关于这个问题的争论还需要持续一段时间。与其假设未来已经刻满人类的痕迹，不如假设我们占据了一个短暂但重要的思考空间。正如古罗马双面守护神雅努斯的一张脸看向过去，另一张脸看向未来，这一刻提供了一个机会之窗，让我们审视过去的无意之举，并认真思考未来的刻意行为会产生哪些影响。

最近欧洲和美国政治中的民粹主义浪潮被解读为越来越多的人担心他们逐渐失去对未来的掌控。在他们看来，自己的人生越来越被其他人掌控。如果我们不能在这个过渡时期谨慎行事，人造时代将由冷漠的专家和经济利益塑造。在多大程度上重塑地球将由技术精英和市场来决定，这些都受到利他主义和新的利润前景的引导，从而转向更激烈的干预。在这种情况下，如果我们不假思索地放任商业利益把我们拖入一个全速运转的塑新世，我们将面临重大转变。自然法则将失去独立性。最终，我们的自然环境将被剥夺，生物圈将完全被技术圈融合。

有因必有果。我们对地球的所作所为，终有一日会反噬人类自身。

******

首先需要说明的是，本书并不旨在否定后文将要描述的重要研发领域。[5] 从原子技术开发，一直到操控整个大气层，书中的章节介绍了目前出现的一些强大的技术。毫无疑问，为了应对都市化和工业化之后人口日益增长所造成的影响，许多技术的发展都是必要的。这些技术将使更多的人过上更好的生活，产生比以往任何时候都小的影响。其中一些技术对于修复已经造成的损害也是必不可少的。在很大程度上，人造时代是不可避免的。

然而，这些转变不可避免地面临一个清醒的警告。这些技术也潜藏着一些危机，其中包括对控制的夸大幻想。它将我们置于一个几乎毫无准备的地球管理者的角色，解除了人类应该以何种方式对待周围世界的长期约定。人造时代对于重塑我们自己和地球的关系是一把“双刃剑”，它会带来很多好处，同时也会令我们付出巨大的代价。有时，它意味着健康和富足的欢乐愿景，是对我们与周围环境的新型关系的积极探索；有时，它也会引发一场绝望的战斗，使我们在迅速脱离过去熟识的那个世界时，紧紧抓住理智不放。我们会发现自己在未知与复杂的世界里盲目狂奔。

我们未来的居所肯定会有所不同，但它将以何种形式存在仍有待确定。在一个公正的世界里，未来的形态将由谨慎而明智的大众进行选择后做出决定，这是我希望本书传达的主要信息之一。不能任由少数人去做这些决定。毕竟对人类来说，做出这些决定的风险已经很高了。

主要人物

姓名	生卒年	简介
戴安娜·阿克曼（Diane Ackerman）	生于1948年	著有关于人类世最早的几本畅销书，代表作品《人类时代：被我们改变的世界》（2015）
珍妮弗·贝克（Jennifer Beck）	生于1973年	植物学家，在美国国家公园管理局下辖的火山口湖国家公园工作，倡导对濒危植物白皮松实行积极修复
保罗·波嘉德（Paul Bogard）	生于1966年	著有《黑夜的终结：灯火辉煌的年代，找回对星空的感动》（2013）
斯图尔特·布兰德（Stewart Brand）	生于1938年	未来主义者、环保企业家，通过恒今基金会致力于复活旅鸽等灭绝物种
弗朗西斯·柯林斯（Francis Collins）	生于1950年	政府科学家、人类基因组计划前负责人、美国国立卫生研究院前院长
迈克尔·克莱顿（Michael Crichton）	1942—2008年	美国科幻作家，著有关于失控的纳米机器人的小说《纳米猎杀》（2002），引起了公众对纳米技术的强烈反对
保罗·克鲁岑（Paul Crutzen）	1933—2021年	出生于荷兰，大气化学家、诺贝尔化学奖得主。人们普遍认为他（和尤金·斯托莫）向大众普及了“人类世”的概念。他是首个支持气候工程研究的重要公众人物，也是积极干预自然系统的主要倡导者

（续表）

姓名	生卒年	简介
埃里克·德雷克斯勒（Eric Drexler）	生于1955年	未来学家、美国远见研究所的联合创始人、分子纳米技术先驱，因提出纳米技术“灰色黏质”概念造成社会恐慌而遭受谴责
理查德·费曼（Richard Feynman）	1918—1988年	物理学家、诺贝尔物理学奖得主、作家、音乐家和公务人员。他在1959年的一次演讲中引起大众对纳米技术的关注。他曾在罗杰斯委员会任职，负责调查“挑战者号”航天飞机爆炸事件
斯蒂芬·加德纳（Stephen Gardiner）	生于1967年	气候伦理学专家，著有《一个完美的道德风暴：气候变化的伦理悲剧》（2011），对气候工程尤其谨慎
杰·基斯林（Jay Keasling）	生于1964年	合成生物学家，曾合成抗疟药物青蒿素的前体“青蒿酸”
大卫·基思（David Keith）	生于1964年	哈佛大学教授、能源政策专家，大力提倡气候工程研究
雷·库兹韦尔（Ray Kurzweil）	生于1948年	纳米技术学家、未来学家、人工智能专家、音乐合成器和文本—语音转换技术的发明者，著有《奇点临近：当计算机智能超越人类》（2005），提倡超人类主义
基考克·李（Keekok Lee）	生于1938年	技术和环境哲学家，批判“深层技术”
奥尔多·利奥波德（Aldo Leopold）	1887—1948年	美国早期自然资源保护论者，著有《沙乡年鉴》（1949），因赋予原始的自然景观以崇高的道德意义而闻名
杰森·马克（Jason Mark）	生于1975年	《塞拉杂志》的记者、编辑，阿勒马尼农场的联合创始人，著有《高原上的卫星：人类时代的野外探索》（2015），倡导“原始”在现代的意义
艾玛·马里斯（Emma Marris）	生于1979年	科学作家，著有《喧闹的花园：在人类统领的世界里保护自然》（2011），新兴的干预主义环境思维的主要倡导者

（续表）

姓名	生卒年	简介
比尔·麦吉本（Bill McKibben）	生于1960年	美国气候活动家，著有《自然的终结》（1989）。他针对气候变化发出了重要的早期预警，强烈主张人类加强自我约束并尊重自然的独立性
约翰·斯图亚特·穆勒（John Stuart Mill）	1806—1873年	19世纪英国政治哲学家和改革家，他在《论自然》（1874）中提出了二分法，一个是指在自然体系中发生的所有事情，另一个是指独立于人类行动的自然
斯万特·帕博（Svante Pääbo）	生于1955年	瑞典基因学家，因测序尼安德特人基因组而闻名
弗雷德·皮尔斯（Fred Pearce）	生于1951年	英国记者、环保新闻自由撰稿人，著有《新荒野：入侵物种如何拯救世界》（2015）
理查德·斯莫利（Richard Smalley）	1943—2005年	诺贝尔化学奖得主、纳米科技先锋。因与他人共同发现富勒烯而闻名
克里斯·托马斯（Chris Thomas）	生于1959年	生物学家，研究气候变化对生态的影响。他率先将两种蝴蝶运送至英国北部
克莱格·文特尔（Craig Venter）	生于1946年	合成生物学家，他加入人类基因组测序计划，使基因组测序提前完成。2010年，他领导的团队成功合成了世界上第一个人造细胞
盖亚尼·文斯（Gaia Vince）	出生年份不详	澳大利亚旅行和科学作家，著有《人类世历险记：我们创造的星球心脏之旅》（2014）
谢尔盖·齐莫夫（Sergey Zimov）	生于1955年	生态学家，曾任西伯利亚大型科学实验基地更新世公园园长

第 1 章

制造新物质

本杰明·富兰克林、卡尔·马克思和汉娜·阿伦特等受人尊敬的历史人物曾提出，智人（Homo sapiens，“聪明的原始人”）最好被称为“制人”（Homo faber，“建造”或“制造工具”的灵长类）。人类热衷于构造事物——从金字塔到购物中心，再到电动汽车特斯拉。这是人类的主要活动之一，也可以说是人的本质所在。建造物体和制造设备的欲望，似乎已经写入我们的 DNA。我们无法阻止自己这么做，相对于地球上其他哺乳动物，这是人类这一物种取得巨大成功的关键。

尽管我们可以从世界各地的庭院拍卖、街头市场、商店和流行网站上买到数不清的手工制品，但大自然总是对我们的创造活动设置这样或那样的阻碍。物质世界的某些属性限制了我们可以制造的东西。例如，你不能用一桶水来制造一个炉子，也不能用一堆博洛尼亚三明治来制造一架能够正常起飞的飞机。尽管人类运用聪明才智和技巧制造事物，但物质的本质总是决定了某些界限，或者设定了某些限制。无论你如何弯曲、切割、混合、冷却或锻造某种材料，总有一些东西是永远制造不出来的。

或者说，至少理论上如此。然而，纳米技术的到来颠覆了这一基本事实。

美国理论物理学家理查德·费曼是公认的纳米技术领域的奠基人。这要从1959年他在加州理工学院的一次著名演讲说起。我们接下来会介绍他都说了些什么，但重要的是，我们要先了解一下发表这一开创性演讲的人。

“文艺复兴式人物”专指才华横溢的人，他几乎可以在任何话题上给他人传授智慧或制造惊喜。不过，即便是这个词，也不足以概括理查德·费曼的才华。他是一位著名的理论物理学家和数学家，也是一位技艺精湛的鼓手和畅销书作家。他破译过玛雅文字，给自己起了个笔名“Ofey”（据费曼所言，这是他“自造”的词，源自法语“au fait”，意为“完成”），他还是一个兼职艺术家。他很幽默，并能将幽默感发挥到极致，因此，他被人们广泛称赞为一个会讲故事的人。

作为1965年诺贝尔物理学奖得主，费曼以杰出的国家公仆形象被世人铭记。年轻时，他在经历了一段时期的彷徨之后，加入了新墨西哥州洛斯阿拉莫斯国家实验室研发核弹的团队，为早点结束第二次世界大战贡献了一点力量。在人生的最后几年，罗纳德·里根总统邀请他加入 1986 年“挑战者号”航天飞机致命爆炸事件调查委员会。在关于这场导致 7 名宇航员丧生灾难的电视听证会上，费曼将一个 O 形橡胶环扔进一杯冰水中，以此说明发射场的温度如何影响“挑战者号”燃料箱上密封材料的弹性。费曼用这种简单的方式，向美国公众清楚解释了爆炸的原因。尽管当时费曼正遭受着晚期胃癌的折磨，他仍在很长一段时期内认真研究了整个航天飞机项目的相关假设和偏见。他计算出任何一次发射任务出现毁灭性灾难的概率不是十万分之一——这是美国国家航空航天局（NASA）一直以来对外公布的数据——而是接近百分之一（以航天飞机 30 年使用寿命为基准统计出来的）。

费曼的才华部分体现于他总是对官僚体制滋生的傲慢持怀疑态度。在洛斯阿拉莫斯国家实验室任职期间，他非常担心他们正在开发的核技术有可能落入觊觎者手中，因此自学成为一名保险箱密码破译专家。这遭到费曼上司的耻笑，但就在第二次世界大战结束后不久，费曼成功地打开藏有制造原子弹所需文件的保险箱，回击了官僚体制的傲慢。不管是在理论上还是实践上，费曼都知道如何解决眼前的问题。

1959 年，在加州理工学院的演讲大厅里，费曼的话题比 O 形环和冷战秘密更有理论深度。面对美国最聪明的一群物理学家，费曼给出了从原子和分子尺度看待事物真实样貌的推测。那时每个人都怀疑这类尺度使事物接近物理极限，在这个极限里，事物的本质几乎是固定的。然而，在这次名为“在底部还有很大空间”的演讲中，费曼假设在任何单个物质的内部，实际上都有足够的空间可供人类重新安排和操纵所发现的粒子。费曼对于在大头针针头写下整套《大不列颠百科全书》的内容进行了一次令人脑洞大开的讨论，他将原子尺度描述为一个具有巨大操纵潜力的环境。他提出这种有意的重组将带来制造非凡事物的可能性，并声称这是一个适合开发的研究领域。

在那次开创性的演讲中，费曼预言有一天原子和分子将会被直接操纵，科学家将使用特殊设计的工具创造出具有惊人用途的新材料。他自信地说，当人类控制了原子的排列规则，他们会发现“物质具有更大范围的可能属性，我们可以借此制造不一样的事物”[1]。

他的演讲富有先见之明。1959 年，能够“观察”到原子尺度的扫描隧道显微镜还不存在，所以没人能确定费曼是否正确。[2]然而，费曼的预言让科学家和工程师走上了一条重塑物理世界的变革性创新道路。

******

纳米技术革命悄然兴起。第一批使用纳米材料的消费品于 1999 年进入商业市场。早在公众对纳米技术有所了解之前，汽车保险杠上就涂有可抗划痕的纳米涂料，网球拍用增加强度的碳纳米管制成，带有纳米反射剂以抵御紫外线的防晒霜也出现在商店里，消费者开始购买并将其用于日常生活。但是关于纳米材料所包含的独特的物理学原理，大众了解得仍然不多。

纳米指的是 10^{-9} 米，即十亿分之一米。对任何事物来说，十亿分之一都是很小的一部分。当度量标准是“米”时，这部分就指代非常短的长度。能够用纳米来测量的东西真的非常小。1 纳米大约是一张纸厚度的十万分之一。1 英寸[①] 超过 2 500 万纳米。人体内单细胞核的 DNA 链的直径已经达到 2 纳米。如果一颗玻璃弹珠能缩小到 1 纳米的大小，其他事物也按同比例缩小，那么一个普通的成年人一步就能跨过地球（前提是这个成年人没有被缩小）。

假如用身体作为参照物，指甲大约以每秒 1 纳米的速度生长。即使你紧盯着那些指甲，你也看不到它们在变化。相比之下，瑞恩·高斯林或者几乎任何一位电影男明星，他们的胡茬儿以每秒 5 纳米的速度增长（人们当然会一直盯着这些男明星看）。

我们再来举一些例子。一个水分子长度不足 0.5 纳米，金原子甚至更小（接近 1/4 纳米），一个典型细菌的直径是 2 500 纳米，而篮球运动员勒布朗·詹姆斯有 20.3 亿纳米高。

① 1 英寸 =2.54 厘米。——编者注

这引出了一个重要的问题。超过 100 纳米的材料，就不再被认为是纳米级了。一旦超过 100 纳米，它们就从微观世界进入了宏观世界。这意味着细菌和勒布朗·詹姆斯都不是纳米级的。另外，只要一种材料在一个维度上是纳米级的，它就算是纳米材料。例如，石墨烯是一种碳原子晶格，厚度不超过一个原子。由于石墨烯"单层"总共不超过 1 纳米，因此，直径相当于餐盘大小的石墨烯片也属于纳米材料。这些解释都可以归结为一点：纳米尺度非常小，纳米科学就在这些非常小的尺度上研究物质的性质。

虽然纳米尺度的研究是一个比较新的领域，但早在"制人"开始制造工具之前，地球上就已经出现许多自由移动的纳米尺度的物体。这些物体分散在各处，可以从土壤、海水和大气中找到它们。自然界中一些吸引人的现象，如蝴蝶翅膀的花纹、壁虎具有黏性的脚，或者食肉猪笼草光滑的边缘，它们都依赖每个生物体内纳米尺度的生物结构。不常见的碳纳米结构，如石墨烯和富勒烯，它们基本上是球状石墨烯。二者不仅存在于地球上，也存在于太空中。

人类偶尔也会在无意中制造出纳米材料。已有数百年历史的彩绘玻璃，它的美丽部分归因于纳米尺度的金和银颗粒，而当时制造这种玻璃的工匠并不知道他们使用的是纳米材料。人们在一千多年前的大马士革剑刃上发现了单质碳富勒烯。一壶新煮的咖啡散发出来的香气，或者一堆湿垃圾腐烂时散发出来的难闻气味，都具有纳米尺度特性。

尽管自然界偶尔会出现（或者几个世纪以来人类无意间零星制造出来）一些纳米材料，但绝大多数材料和元素的规模是纳米尺度的数千倍。在费曼之后，科学家对纳米尺度如此感兴趣，其中的原因与纳米材料的稀有性存在很大的关系。

在纳米尺度上，材料往往高度活跃并且很不稳定。这意味着如果单独存在于自然界中，它们通常会迅速与附近的物质发生反应，变得更有惰性。纳米技术已经成为科学和工程学最热门的领域之一，这是因为研究人员找到了制造材料的方法，他们可以在它发生反应、变得更有惰性和稳定之前利用这种高活性。

人工制造出来的纳米材料能快速化腐朽为神奇。纳米级面粉遇火会爆炸，纳米金会变成红色，并且在熔化时温度骤降。与其他的材料不同，碳纳米管具有很好的导电性。碳纳米点在光线照射下会以一种独特但可控的方式发光。通过在某种材料表面添加纳米涂层，材料的硬度可以提高几个数量级。纳米材料还可以用于催化强烈的化学反应。在神奇的纳米世界里，超磁特性会突然出现，磁场的方向会在温度的影响下随机转变。在很多领域，材料收缩创造了全新的、令人兴奋的新物质。

一些基础性的事实就足以支撑这一观点。它们很有启发性，并且不需要实验室物理博士的理论支撑。纳米材料之所以具有强烈的反应性和不同寻常的特性，很大程度上是因为它所具有的几何结构。如果你把任何一个球体缩小，它的表面积与体积的比值就会增大。这意味着一块很小的材料，其内部相对于外部而言要更小。因此，一颗“小弹珠”的表面积–体积比比一颗“大弹珠”更大。一颗“极小的弹珠”，其表面积–体积比比“小弹珠”更大。

表面积–体积比如此大的一个后果是，表面材料将更多地暴露于外部世界。物质之间的化学反应发生在表面，所以当表面全部暴露出来时，更多的物质就随之参与反应了。这些反应使许多有趣的事情成为可能。

随着材料逐渐缩小到纳米范围，表面积与体积的比值变得大到离谱。例如，一个直径为 10 纳米的粒子，有 20% 的原子分布在表面。而直径为 3 纳米的粒子，表面的原子多达 50%。外部世界的物质可真不少！表面一旦暴露，材料就会发展出化学特性和物理特性，而同样的材料在更大的尺度上却没有这些特性。

然而，几何学并不能解释全部。材料性质在纳米尺度上发生巨大变化的另一个原因与材料本身有关。在更宏观的尺度上，量子世界中出现的惊人反应很少被注意到，因为它们被组成整个物质世界的无数原子掩盖了。而在纳米尺度上，任何材料中包含的原子都要少很多，所以通常可以发生量子效应。

可以这样想：如果一万个人对你大喊大叫，很可能你只会听到一阵嘈杂的咆哮；如果只有五六个人冲着你喊同样的脏话，你很可能会听得一清二楚，从而感到被冒犯。在纳米尺度上发生的事情与之相似，在这里，只有少量的量子特性才会被“听到”。

量子效应得以部分显现是材料内部离散能带发生电子振动的结果。当材料的尺寸缩小到接近这些离散能带，电子的行为就会发生改变。这些变化可以明显影响材料的光学、机械、热、磁和电学属性，从而促进更多的表面效应。碳纳米管看起来有点像纳米级的“通心粉”，从“通心粉”的一端到另一端具有超强的导热性，但两端高度绝缘。通常而言，石墨烯是无磁性的，但在被某些材料短暂包裹后，它就会变得有磁性。

石墨烯和碳纳米管的纳米属性，使其具有对光的吸收能力超强的特性。这使它们成为一些最“黑”的材料，极大地促进了激光技术的发展。碳纳米管同时还具有很强的抗拉性，仅一点点重量，它的抗拉强度就可以达到钢的数倍。这种惊人的强度与宏观上的碳强度截然不同。你可能还记得上学时用的铅笔，笔尖总是容易断掉，可知石墨是比较脆弱的。相比之下，纳米级石墨烯则是制造防弹背心的最佳材料。

目前，科学家在纳米尺度上能够掌控物质的强大特性显然蕴藏着巨大的潜力。如果像碳这种廉价又普通的材料，仅通过制造不同的尺寸，就能突然变得更轻、更强硬、更柔韧、更导电、更有磁性，那么整个领域的前进方向就会具有全新的振奋人心的可能性。这些领域包括材料科学、医疗保健、信息技术、能源生产、光学、传感、军事技术和商业制造。相关的例子不胜枚举。在预估这种可能性时，诺贝尔奖得主、纳米技术先驱理查德·斯莫利兴奋地宣布："你可以利用这种技术去做任何事情，这种感觉就像列举圣诞愿望清单一样。"[3] 无论你想要什么，你都可以拥有。纳米技术有潜力应用于几乎所有的人造领域。

"制人"的一个重要分支——"经济人"（Homo faber economicus）立刻意识到，纳米尺度上的新特性蕴含着巨大的商业潜力。如果人类能够通过改变物质的大小使其显露出不寻常和有价值的特性，那么一个充满希望的世界将会被开启。这些希望能给人类带来巨大财富。这就是美国政府现在每年向美国国家纳米技术计划（NNI）投资约 15 亿美元的原因之一。美国国家纳米技术计划旨在促进美国对纳米技术的研发和资助。

******

现代纳米技术革命已经进行了 20 多年，我们很难追踪到纳米材料正在影响商业中哪些具体的领域。纳米处理能够使物体表面发生变化，许多家居用品能够防水、抗反射、过滤紫外线、防雾和抗菌。高尔夫球杆、太阳镜、窗帘、食品补充剂、厨房用具和儿童玩具都使用了纳米材料。带有纳米涂层的布料即使洒上红酒和番茄酱也能清洗干净。纳米银粒子可以杀死衬衫腋下部位的细菌，从而减少人体的异味。使用纳米银材料的食品包装可以阻挡有害微生物，从而延长保质期，比如保存碳酸饮料。使用纳米添加剂的冰箱和冰柜更加节能。化妆品中的纳米微粒能够提高产品的吸收度，也能使乳液更加均匀。用纳米材料制成的刀具比非纳米材料制成的刀具耐用很多。

纳米技术的价值已经在信息技术领域得到了肯定。使用纳米聚合物材料的智能手机，屏幕图像更清晰，眩光问题得以减轻。可折叠屏幕的移动设备即使放在裤子后面的口袋里，坐下去时也不会被损坏。但这些发展只是表面的，纳米尺度的更大潜力在于加速处理数字信息。

正如费曼在他的演讲中提出的理论，体积小意味着信息存储和处理达到难以想象的程度。在今天的计算机中，这些功能是由硅等半导体材料制成的晶体管来实现的。晶体管通常有两个端子，通过对第三个端子（即栅极）施加电压，可以在两个端子之间开关电源。随着这些晶体管体积的缩小，端子之间的微小距离意味着这项技术不仅成本极其昂贵，而且接近发生量子穿隧效应这一神奇现象的临界点。

量子穿隧效应会产生一个不好的后果，即允许电子在栅极和另外两个端子的通道之间随意流动，即使这个空间是绝缘的。由此造成的电子泄漏生成了不必要的热量，降低了效能，从而导致代表数字信息的 0 和 1 不再有保障。

解决这个问题的一个可能的方法是，用纳米线制成的晶体管代替传统的晶体管。纳米线通道的结构和体积能够有效地将通过的电流控制在最小的电子泄漏量。还有一个更加激进的方法，即完全摆脱晶体管，只利用原子和电子自旋的二元特性。研究人员开始研究如何瞬间进行自旋。荷兰科学家正在探索的第三种方法是利用原子的位置来获取 1 和 0。这些研究人员通过将单个氯原子移动到铜板上的不同位置，找到一种比现有技术高出 2~3 个数量级的存储信息的方法。

这种规模的数据处理使惊人的计算能力成为可能。信息处理器可以比时下的任何东西尺寸更小、更加节能。这种附加的计算能力可以使目前不可能实现的用户功能得到开发，如在系统崩溃时获得瞬间存储数据的能力。

从打开高效处理数据的大门，到提供便利的防污手提袋，纳米技术向我们证明了它是跨越现代生活众多领域的变革性技术。

******

在纳米技术巨大的潜力所带来的兴奋中，让我们停下来思考一下纳米技术到底意味着什么。纳米技术利用不断进化的物质世界的一些基本参数，对其重新校准。地球呈现给我们的物质的标准形式现在可以被重新构建。通过将物体缩小到纳米尺度，制造出的纳米材料将具有大自然几乎完全隐匿的全新特性。揭开这层面纱后，物质将具有更多用途。这些原有物质的新形式可以从多方面为我们服务，这是早期“制人”无法想象的。通过进入纳米尺度，人类揭开了一个从未关注过的世界的面纱，这是一个几乎完全不为人所知，也从未被前人开发过的世界。

纳米技术有望在某种程度上对自然进行干预，并产生前所未有的深远影响。在此过程中，这项技术巧妙地重塑了人类与物质世界的关系。我们将不再满足于材料现有的形式和属性，甚至是已经确定了标准结构的元素。纳米技术使我们通过调整现有的原子和分子结构来发现新的特性。人们熟悉的物质形式的用途将不再受限。纳米技术有效地为我们提供了一个全新维度的物质世界。

对于在原子和分子尺度上操纵物质的想法，很多环保主义者肯定是喜忧参半的。其中一个原因是纳米尺度上的特殊属性一直未被人们发现，其释放出的强烈反应令人感到陌生且担忧。对我们来说，在事物正常发展过程中，这些特殊属性是无法得到的，这一事实非常重要。探索纳米世界就像是在挑衅一条沉睡的毒蛇，最好不要去打扰它。

尽管这种想法是可以理解的，但生态主义者不得不承认纳米技术可能对环境的可持续发展做出巨大贡献。在能源领域，为热电性能设计的纳米结构可以收集任何地方泄漏的废热，并将其转化为电能。纳米技术的发展已经促进太阳能技术更为高效的发展，这些技术可以提供更强大、更快捷的充电电池。纳米技术衍生了柔韧性强甚至可喷涂的光伏板，这种材料可以涂抹在户外的任何东西——车、车库的门，甚至是狗身上。

作为催化剂，纳米材料可以提高燃烧效率，帮助分解木本植物，从而更快地将其转化为生物燃料。特殊的光学特性使纳米颗粒能够作为环境污染指示器。高活性纳米处理技术有助于从污垢或水中抽取污染物，并修复那些难以抽取污染物的饱和区域。一种正在研发的纳米金结构可以进行“光合作用”——把二氧化碳从大气中分离出来。作为纳米过滤器，石墨烯薄膜能够从空气中过滤氢气，就像用渔网从海水中捕捞鲑鱼一样。氢可以作为一种清洁燃料，其唯一的副产品就是水。

纳米技术的另一个用途与人体有关。正如纳米技术有望带来巨大的环境效益一样，它也开始广泛应用于医疗保健领域。某些纳米晶体表现出的量子特性为人体医学成像提供了巨大的优势，如注入材料的荧光更长、光谱更宽，这种成果史无前例。当这些所谓的量子点被植入人体后，它们对细胞物质行为的干扰往往会减少，而这些细胞物质正是诊断专家试图去仔细观察的。

正在设计的纳米传感器未来能够检测细胞中的分子变化。这远超当前技术，提高了发现恶性肿瘤的可能性。纳米材料也被证实能够刺激视神经和脊神经的生长，提高了恢复衰弱性损伤的可能性。纳米结构已经在植骨和种植牙中发挥作用，为改善假体材料与患者颌骨的整合提供了更好的接触面。添加毒性药物的纳米微粒可以被导引至癌细胞周围的脂肪组织，通过温和的加热刺激释放药物，而不会伤害邻近的细胞。这些正在研发中的“加热纳米手雷”被医学专家称为“纳米医学的圣杯”。

纳米尺度上的“圣诞愿望清单”使工程师和发明家卷入了创造旋涡。想要既不付出高昂的代价，又能把有效载荷送入太空吗？太空电梯怎么样？这种装置将使用一根超长的缆绳来连接地面和轨道平台，使有效载荷离开地球表面，摆脱重力约束。你是不是担心制造不出一种延伸到足够远、足够强韧又足够轻盈的缆绳？不必担心。用碳纳米管制造这种缆绳。纳米技术使这种不可能的设想成为可能。不过，太空电梯只是庞大的纳米技术冰山中，最具未来主义色彩的小小一角而已。

******

当你把纳米技术支持者的承诺叠加在一起，用冷静而审慎的眼光审视一切时，你可能会怀疑纳米技术是不是好到令人难以置信。毫无疑问，有些纳米技术确实令人为之振奋。一项强大的新兴技术将极大地改善我们的生活，但“制人”手中的纳米技术也可能会是一把“双刃剑”。

我们有充分的理由去质疑这种新颖的高活性物质被有意地

引入日常生活的方方面面，包括饮食、穿着和人体健康。纳米技术之所以具有商业潜力，是因为它所展示的特性是全新的。这意味着在很大程度上，我们的物种并没有伴随着这些物质逐步进化，而且我们还不清楚它们会对我们和周围环境产生何种深远的影响，尽管人们可能不同意将纳米材料定义为“非自然”——毕竟，纳米物质在自然界中一直以不常见的形式潜存着，人们也还不习惯在日常生活中频繁而紧密地接触它们。

在一场类似转基因生物辩论的运动中，一些消费者维权人士认为，这些新结构对人类和环境健康的影响存在很多不确定性，因此应该在含有纳米材料的商品包装上明确标示。在大多数国家，目前还不需要这样的标签。为了解决这种信息缺乏的问题，在纳米产品进入市场时，各类电商都在努力跟上这个新步伐。

这些清单中最全面的一个是由华盛顿特区的新兴纳米技术项目开发的。因为含纳米材料的消费产品的研发进展非常迅速，所以该清单不再声称全面性。然而，清单中写道，目前有近 2 000 种可购买的产品被认为含有某种形式的纳米材料。

该清单的发布者依靠产品制造商来判定产品是否含有纳米材料。有时制造商会将纳米材料作为卖点，在材料的包装上进行宣传。其他时候，也许是预判消费者不会接受纳米材料，所以就保持低调，不做宣传。不同的国家对纳米材料的宣传表现出不同的敏感性。例如，澳大利亚的香蕉船公司因担心其防晒产品不被大众接受，于2012年发布了一份声明，宣称“任何在澳大利亚生产和销售的本公司的防晒霜，都不使用纳米颗粒（即小于100纳米的颗粒）”[4]。然而，美国总部对此事却保持沉默。新兴纳米技术项目数据库的编译者认为，在多数情况下，无法证实制造商的独立声明。

新兴纳米技术项目数据库搜集了使用该产品的个人所接触纳米材料的潜在途径的信息。这些途径包括皮肤、肺和胃，因为很多纳米产品被设计成可以用手拿、用鼻吸入或者入口食用的产品。最近的一项研究显示，吸入肺部的纳米金颗粒可以通过血液循环在全身流动，它们可以在各种脆弱的地方停留，对血管系统产生不确定的影响。[5]为了回应消费者的担忧，欧盟的法律规定，在欧盟销售的使用纳米材料的化妆品、食品和营养补充剂的包装上必须贴上纳米产品标签。美国没有制定类似的法律条文。在大多数情况下，纳米材料与宏观材料受到相同的制度监管。到目前为止，美国监管体系一直认为，不论是在纳米尺度还是在更大的尺度上，原子结构没有发生改变。这一理论回避了一个事实，即正是纳米尺度上发现的特性差异，才使纳米材料变得有趣。

2017年1月，美国环境保护署（EPA）通过了关于纳米材料报告的新要求，这是该国第一次要求纳米材料的制造商和加工商——而不是最终向消费者销售纳米产品的公司——提供其正在制造和加工的纳米产品的一些基本信息。这个规定的目的是协助评估是否需要对纳米材料进行进一步的监管，并建立一份目前正在生产的纳米材料的清单。作为对商业利益群体的一种安抚，规定最终强调任何产品都不能基于这样一种假设，即“纳米材料或纳米材料的特定用途，必然或可能会对人类环境造成伤害”[6]。在讨论其他相关的法规时，该规定在文中提供了更多的保证，新的报告要求将作为一种有效的追踪措施，“与环境健康或安全风险无关”。

事实上，这项技术是新颖的，但是迄今为止缺乏总结性和长期性的研究。这意味着在许多情况下，纳米材料对健康和环境的影响仍然不确定。这是一个复杂的领域，在如何管理纳米材料，尤其是认为这种材料阻碍了“塑新世”很多技术的发展的争论中，隐藏着一个有趣的难解之谜。它关注的是在人造时代即将到来之际，自然和人工之间有无一个可靠的分界指标。一方面，传统的观点认为人们倾向于将自然与生态和安全联系在一起；另一方面，人造或人工（通常）与人性化的、非自然的以及潜在的危险联系在一起。人造产品的安全性一直是监管的重点。

这种笼统的概括从来就不是可靠的。许多天然存在的物质（如蛇毒）是致命的，而许多人工产品（如合成胰岛素）可以真正地挽救生命。作为广泛的经验法则，这一结论仍然很受欢迎，因为它似乎依赖于一些根深蒂固的文化假设，即天然的产品让人感到安心。健康食品店货架上的产品标签证明了这一点。随着现代环保运动的兴起，这些假设也越来越有说服力。

纳米材料的确会突破常规。在大多数情况下，它们是从普通物质中提取的，而这些物质大部分被认为是绝对安全的。1976年美国《有毒物质控制法案》（TSCA）已经对有毒物质进行管控。英国纳米技术协会称，目前生产的所有纳米材料按重量计算，有85%提取自碳或硅，而这两种元素都不是高毒元素，但这个说法并不能让人安心。如果纳米材料没有惊人的新特性，研究人员和商人也不会对它感兴趣。如果这些惊人的特性在历史上极其罕见，人体就不太可能适应它们。

商业利益是不能两全其美的。如果一种材料的特定形式表现出与标准形式截然不同的属性，那么它可能就需要一些额外的审查。

历史上，很多技术最终很好地服务了少数既得利益群体，却很少关注不知情的公众，然而这些技术都是强加于公众身上的。在纳米技术革命的早期阶段，这些警示故事值得铭记在心。这种新型物质接触我们的皮肤，进入我们的肺部，穿过我们的结肠，这些都是危险的。在接受这类材料融入我们的生活之前，无视风险则是很愚蠢的。

纳米材料只是人造时代出现的难题之一。显然，一项能够彻底改变周边世界的技术对我们的健康和环境有着明显的好处。但是同样明显的是，这种技术对周围环境的影响也值得人们警醒。

除了对健康和安全的关注，哲学层面的意义也不容忽视。随着纳米技术的出现，我们与周围世界的关系发生了一些变化。纳米技术促使人类用一种全新的方式思考物质的本质。它试图对自然界中的材料进行前所未有的结构重组。从经验主义角度讲，纳米技术的新颖性体现在它能生成科学上的新事物。同时，从概念角度讲，它将人类带入重塑世界的更深层次，这是人类以往从未涉足过的领域。我们需要关注的不仅是风险和利益问题，还有意义和价值的深层次问题。开启纳米技术的未来需要面临这样一个问题，即人类探索自然秩序应该达到什么程度。

这样的技术不仅需要科学家和风险评估者的谨慎考虑，也需要哲学家、未来学家、年长者和世界各地传统知识传授者的加入。这些不仅是商业决策，更是关于我们想成为什么样的人的重要决定。出于这个原因，正义要求充分发挥每个人的力量。这似乎是即将到来的人造时代最基本的要求之一。

第 2 章

原子的重新组合

在纳米尺度上发掘新材料属性，只是纳米技术发展的宏伟蓝图的一小部分。费曼在1959年的演讲中谈到了对纳米技术的另一种看法，即它不只是简单地揭示材料更为受用的功能属性。他预言，人类在未来将利用专门开发的工具，将原子和分子直接排列成精心设计的组合。这位确实有远见卓识的物理学家认为，人们如果可以通过选择原子并随意移动、重新排列，那么就有可能制造出几乎任何想要的东西，并且原子的每一次改变都会创造出一种全新的物质。原子可以作为所有建筑材料中最基本的一种。他将这种纳米技术研发愿景称为“分子制造”。

在距离加州理工学院演讲30年后的1989年，人们终于向费曼描述的“纳米梦”成功迈出了第一步。IBM的研究人员证明，手动剥离单个原子并将它们重新排列是可行的。他们利用扫描隧道显微镜的探针尖端，将35个氙原子移动位置并重新排列，拼出了他们公司的名字：IBM。[1]研究人员表明，只要使用合适的工具，就有可能改变原子的位置，打造全新的结构。

能按照自己的方式排列单个原子，这是最初激起费曼对纳米尺度的兴趣的部分原因。通过控制每个原子的运动，理论上可以构建任何你能想象到的事物，并且极大地减少浪费。物质元素的任意集合都可以重新构建出不同的东西。现有原子的数量就暗示了这种潜力。一桶水中含有的氢原子和氧原子的数量远多于大西洋里有多少桶水。一堆生活垃圾中包含数万亿个原子，这些原子来自各种现有的元素，都有可能被重新定位。

因此，分子制造将为再利用提供无限可能。如果你能从一大堆博洛尼亚三明治中分离出原子，并知道如何重新排列它们，那么也许有一天你真的能用博洛尼亚三明治制造出一架可以正常飞行的飞机。不管是存在于碳纤维机翼上，还是存在于加工过的夹肉三明治中，这些特定元素的原子是相似的。这种再利用不仅能引发我们对什么是浪费的重新思考，也让我们对什么是材料限制有了截然不同的理解。

分子制造的理念极大程度上激发了人们的创造性思维。费曼发起的分子制造的目标，重点不在于材料的回收和再利用，而是通过移动原子来制造能够执行任务的纳米机器人。这些被称为“nanobots”“nanoids”或“nanites”的微型机器，可以执行宏观尺度的设备无法完成的任务。

在 1959 年的演讲中，费曼提到他和一位同事曾经思考过“如果你能吞下一名外科医生，那么手术将会变得很有趣”。后来他们的想法还被搬上了大银幕，即 1966 年上映的电影《神奇旅程》。他们构想纳米尺度的微型潜水艇在人体动脉中随意潜行，在到达心脏之前，它们能在这一处吃掉血小板，也能在那一处观察一下变化。到达心脏后，它们开始检查心室，向在外面监测的人类外科医生汇报情况，并进行关键性干预。它们可以执行拯救生命的清除胆固醇工作，也可以设计纳米机器人来靶向摧毁淋巴癌细胞，或者消灭病毒。未来的纳米外科手术机器人的体积极小，可以对单一神经元进行手术，让神经元受损的人恢复行走能力甚至思考能力。

除了应用于医疗领域，倡导者还设想让这些微型流动“劳动力”在更多领域发挥作用，创造价值。纳米机器人可以去除烟雾或清理泄漏的化学品。它们可以发现并消灭饮用水中的细菌。由于体积小，纳米机器人可以到达人类无法企及的地方且不被发现。在军事领域，它们可能在敌对环境中执行间谍任务，或在空中采取防御行动，以应对有可能出现的化学武器的威胁。

费曼特别喜欢它们，但是要想设计出精密的分子机器为我们做有价值的工作，可不局限于生产灵活的微型机器人。YouTube 上有很多动画，描绘了人们设想的生产设备的画面，画面中旋转的棘轮、纵横的机械臂、飞转的推进器、转动的组件等场景，就像你在任何现代工厂里看到的一样，但你会发现它们正在拾取和存储的是原子和分子，而不是木头、金属或塑料。这些功能完善的纳米机器人将花费大量时间来把原子和分子组合成理想的排列方式。这有点像 3D 打印机，但规模小得多。动画中的机器一层一层地——更准确地说，是一个原子、一个原子地建造东西。它预示着一个生产效率大大提高、浪费大大减少的未来，在这个未来，精密加工将在纳米尺度而不是宏观尺度上进行。

由此看来，分子制造的前景如此诱人也就不足为奇了。微型化的好处已是众所周知的。在电子产品和信息存储等消费产品领域，微型化已产生明显效益。原子精度化生产实际上已经成为高效生产的代名词。这使纳米机器人几乎可以解决任何问题——仅仅通过重复小而精确的机械操作。

然而，这种热情需要加以节制。虽然早在 60 多年前，费曼就提出了纳米机器人和分子制造的理念，但纳米机器人和分子制造的未来仍是道阻且长。迄今为止，大部分的研究是从纳米技术的材料性能科学方面进行的。2000 年，在比尔·克林顿总统领导下开启的美国国家纳米技术计划，将大部分资金用于已被证明有商业潜力的领域，对分子制造的其他领域的资金投入甚少。

与此同时，对未来纳米机器人的研究出现了惊人的转变。

目前的分子制造技术不太像是利用机械工程原理制造机器人，而更像利用生物化学原理制造生物结构。分子制造领域的研究人员很快发现，在原子和分子尺度上执行有效功能的纳米尺度机器的典范，是在生物体细胞中发现的“生物机器”。当今分子制造领域的前沿是试图通过在实验室中建造生物结构来仿造自然物质的分子纳米机器人，这些生物结构可以简化模仿真实细胞在生物体中的行为。

通过仔细模仿他们在分子生物学中看到的情况，研究人员构建了一个生物基分子“马达”，当被光线照射时，“马达”就会转动。研究人员设计了可以沿着指定轨道“行走”的分子，以及基于蛋白质结构的分子“曲柄”和“棘轮”，这些蛋白质结构可以使物体沿着指定路径旋转或移动。他们甚至制造了一种被命名为“纳米车”的设备，它的“车轴”上有四个旋转的富勒烯，看上去大致就像一台轮式车，当“纳米车”开动时还会向一方倾斜。这些进展通常是在一个被称为“湿纳米技术”或“纳米仿生技术”的领域取得的，之所以这样命名，是因为它复制了分子生物学家研究的生物体内的水基结构。

尽管取得了一些有趣的成就，但事实证明，相比于人类，大自然更“擅长”湿纳米技术。一项关于分子制造现状的调查得出结论，尽管分子机器是重要生物过程的基础，但是在“人类惊人的当代研发技术中，没有哪一个可以控制化学分子在分子水平运动”[2]。这方面的努力只得到了一点回报。例如，人类设计的分子机器在有“燃料”情况下的自主运动一直是很难复制的。制造出来的机器只具备一个功能。迄今为止，研究人员还无法确保他们创造的生物机器的长期稳定性。因此，一系列关于分子制造的真正目的的未解难题出现了。该领域的研究人员在他们是应该复制生物体体内发现的“机器”，还是使用生物成分去复制人类已经在宏观尺度上发明的无机物机器的问题上存在分歧。

换句话说，到目前为止，分子制造的进展一直停滞不前，甚至可以说是平淡无奇。一份长达 78 页、关于分子制造进展的调查还指出，生物系统中的分子制造是在溶液中进行的，如果想脱离生物环境，来到干燥的工厂进行分子制造，就增加了多重不便。尽管整个分析过程得出了令人沮丧的结论，调查人员仍旧认为分子制造的未来是“光明的”。面对困难的乐观态度是推动科学不断发展的原因之一。

然而，分子制造发展极为缓慢，存在的问题也没有得到解决。整个领域面临着严重的公共问题。公众对分子制造存有偏见。讽刺的是，这种窘境竟是由一位曾经是这项技术最重要的倡导者无意中造成的。

******

最初的时候，埃里克·德雷克斯勒思想成熟、富有远见。

他在26岁时，也就是费曼发表著名演讲的20年后，在《美国国家科学院院刊》（PNAS）上发表了一篇论文，详细地阐述了人为重组原子和分子背后的机械原理。在里根时代初期，整个国家洋溢着一切皆有可能的乐观精神。此时，一篇题为《分子工程：发展分子操纵一般能力的方法》的论文突然使费曼点燃的火焰再度燃烧。在获得博士学位的5年前，德雷克斯勒在《创造的引擎：即将到来的纳米技术时代》（*Engines of Creation: The Coming Era of Nanotechnology*）一书中，介绍了纳米机器人的未来，几乎在一夜之间成功打造出一整代人的纳米技术梦。同年，德雷克斯勒和他的前妻克里斯汀·彼得森共同创立了前景研究所，旨在发展尖端纳米技术，促进“变革性未来技术”的发展，维护公众利益。

1991年，德雷克斯勒拿到了麻省理工学院分子纳米技术的博士学位，他是世界上第一个分子纳米技术博士，对于自己的选择未曾有过一丝犹豫。对于费曼提出的分子制造的愿景，德雷克斯勒是专一的拥护者。他具有开创性，不屈不挠，带着满腔热情不断向前探索。

然而25年过去了，一切如故。在他于2013年出版的《固有的富足：纳米技术革命将如何改变文明》（*Radical Abundance: How a Revolution in Nanotechnology Will Change Civilization*）一书中，德雷克斯勒写到人类可以大肆重塑物质世界，材料限制将不复存在。在这本书中，他仍旧倡导利用

“底部空间”改变世界。费曼学院——尽管不再由德雷克斯勒领导，但继续在位于加利福尼亚州帕洛阿托的总部运作——向那些致力于实现分子制造愿景的科学家颁发奖项。尽管德雷克斯勒的愿景得以延续，但他在职业生涯早期对分子制造的乐观态度最终被一场完全由他自己造成的重大公关灾难终结。

在《创造的引擎：即将到来的纳米技术时代》一书中，有一章题为“毁灭的引擎”。在书中最后一篇长达16页的文章中，他表达了自己的担忧：如果人造纳米机器人和分子合成器被设计成具有自我复制和自我补给的能力，它们的破坏性可能会非常大，甚至会毁灭整个星球。

如果想要创造一个在有意义的尺度上执行有用功能的分子机器，那么自我复制和自我补给是非常可取的能力。任何在纳米尺度上制造的东西都是微小的。在大多数情况下，为了在人类世界发挥作用，就必须大量制造纳米机器人。清理一个受污染的工业场所或制造一种用于城市基础设施的材料，进行这些工作实际上需要数万亿个纳米机器人。实现这一点的最好的方法是让纳米机器人有能力自我复制，从而产生足够数量的“工人”来执行任务。此外，为了维持“劳动力”，它们必须依靠阳光或周边其他能源来提供能量，而每个机器人都可以自己获得或摄取这些能量。

自我复制和自我补给能提高纳米机器人的工作效率，但这背后隐藏着可怕的阴暗面。这些数量不断增加的微型工人每一次维护或复制自己时，都必须从周围世界中获取材料作为燃料或原始资源。德雷克斯勒完全了解这一点。在一个偶然的场合，他可能只是想谈一谈科学有多迷人，这位自封的分子制造大师指出，这种自我复制和持续消费有可能造成失控的局面。

任何一个听着统计学家或经济学家讲复利增长而无聊至极的人，都知道自我复制的威力。任何物种的数量只要指数级翻倍，就会变得非常庞大，且增长速度惊人。德雷克斯勒指出，能够自我复制的纳米机器人如果只是以每 1 000 秒一个的速度进行自我复制，那么仅在 10 个小时内就能复制出 680 多亿个自己。

就像低成本科幻电影中的食人鱼一样，这些数量越来越多的纳米机器人会疯狂地摄取资源，最终吞噬周围的一切。它们为了获取“生存”和“繁殖”所需的原始资源，所到之处会将一切毁灭。纳米机器人指数级增长的影响将是灾难性的。德雷克斯勒警告说，这些自我复制的可移动机器将“在几天内将生物圈夷为平地”。“复制器，”德雷克斯勒在他著名的文章中警告说，“将会像核战争一样导致地球毁灭。”更糟糕的是，与核战争不同，失控的纳米机器人是不难制造的。德雷克斯勒一边给自己挖一个越来越深的坑，一边说：“用炸弹摧毁地球需要大量新奇硬件和稀有同位素。但要用复制器摧毁所有生命，只需要一个由普通元素组成的小颗粒即可。”[3]

未来学家将这种纳米机器人贪婪地吞噬世界的现象称为

“失控的全球性生态吞噬”，这个称谓不仅听起来令人作呕，而且预示着彻底的全球性灾难。那些已经对纳米技术持有怀疑态度的人震惊地发现，世界上最热情的纳米技术倡导者之一也担心地球有可能会变成一团“灰色黏质”。无论你怎么看“塑新世”，命运好像都不怎么乐观。

没过多久，德雷克斯勒就意识到他引发了一场风暴。失控的纳米机器人造成浩劫的噩梦很快成了科幻小说的主题。迈克尔·克莱顿在 2002 年的小说《纳米猎杀》（*Prey*）中以耸人听闻的手法描述了纳米机器人的破坏性潜能。这本书登上了《纽约时报》畅销书排行榜榜首，并被拍成好莱坞电影。德雷克斯勒的推测成了分子纳米技术和纳米机器人的重大公共灾难。甚至连查尔斯王子也开始担心起来，他呼吁英国皇家学会调查纳米技术对王室的威胁。

德雷克斯勒意识到他的“灰色黏质”警告对整个事件多么无益，于是试图平息事态。他采取了不同寻常的举措，与人合作撰写了一篇试图否定自己观点的学术论文。在《安全指数级制造》一文中，德雷克斯勒与合著者克里斯·菲尼克斯推断，这些失控的纳米机器人在毁灭地球之前会耗尽能量或者自相残杀。纳米机械也可能一开始就不需要自我复制。此外，其他人也发表观点，与其让它们失去控制，不如采取一些明智的预防措施，例如把纳米工厂和纳米机器人用螺丝固定在地板上，以防止发生骚乱。

经过数年严格的损害管控，由失控的全球性生态吞噬引发的恐慌开始消退。大多数纳米技术领域的研究人员甚至不再考虑自我复制纳米机器人的危险。他们把研究的时间和资金用到了更好的去处。只有那些更加谨慎的研究人员或者不走寻常路的人，仍然承认关于发生失控的全球性生态吞噬的可能性，似乎这并没有违反任何已知的物理定律。

“灰色黏质”事件让德雷克斯勒从神坛跌落，连申请科研经费和顾问职位都受到影响。他的纳米技术理论受人冷落，取而代之的是在纳米尺度上探寻材料的有趣特性。

在职业生涯中，德雷克斯勒第一次感到他被排除在一场由他自己领导的革命之外。更糟糕的是，这位倒下的英雄很快意识到自己被卷入另一场更具破坏性的斗争中。这不是与好莱坞或纳米技术公众形象的斗争，而是与一位纳米科学同行的斗争——就是那位先前提出纳米技术为人类文明提供了一个“圣诞愿望清单”的先驱。从理论的角度来看，这场斗争事关分子制造的相关性问题。不幸的是，对于德雷克斯勒来说，这次他的对手是一位他非常尊敬和崇拜的科学家。

******

在习惯和性情上，理查德·斯莫利与德雷克斯勒完全相反。斯莫利出生在俄亥俄州的阿克伦市，他的学术道路相对传统，但他本人也非常出众。他在普林斯顿大学获得了化学博士学位，之后在芝加哥大学做博士后研究，随后到休斯敦莱斯大学任职，并在那里度过了他的研究生涯。从研究生院毕业之前，斯莫利就已经富有远见，他出版图书，创立智库。不仅如此，在位于休斯敦莱斯大学的实验室里，斯莫利早已默默开启了多年艰苦的科研工作，他身边的博士生和博士后走了一批又一批。

他在科研领域成绩斐然。1996 年，斯莫利因与他人共同发现富勒烯而获得诺贝尔化学奖。富勒烯是一种不寻常的球形碳，结构形似足球。据说，他是在试图模拟恒星形成时周围大气条件的时候偶然发现的。这次成功使他越来越深入研究纳米结构形成的神奇的化学过程。在职业生涯的大部分时间里，斯莫利都是勤奋、内向、与外界隔绝的。声名鹊起后，他才进入公众视线。在生命的最后 10 年，他开始利用自己作为诺贝尔奖得主的影响力来谈论他认为世界即将面临的最大挑战，包括可再生能源生产、清洁水供应和全球公共卫生。不过，他与德雷克斯勒的争斗则是关于基础科学的。

斯莫利认为，德雷克斯勒关于分子制造和纳米机器人的机械论观点表明他未能理解原子和分子在现实世界中的工作原理。斯莫利认为，原子和分子不像乐高积木，你不可能把它们放在任何你想放的地方，也不能根据设计随意拼合。它们受化学键性质的限制。纳米科学不是机械学，而是化学。德雷克斯勒对此观点并不认同。

德雷克斯勒早年在麻省理工学院做研究时就遇到过此类质疑，当时一位教授嘲笑他的想法“完全蔑视化学”。德雷克斯勒认为这位教授是错误的，他继续推进用物理方法操纵原子的设想。斯莫利接着那位麻省理工学院教授的观点，继续挑战德雷克斯勒探索的领域。他用一些听起来不像是纳米技术专业领域中的问题，挑战了分子制造的概念。他把这些问题称为“黏手指”和“胖手指”。

“黏手指”问题是指担心纳米技术人员试图移动的原子和分子会粘在任何用来定位它们的机械设备上。之所以会发生这种情况，是因为在这种尺度下，非键合原子会因为所谓的范德华力而相互吸引。精确定位原子是很困难的，因为用来定位原子的工具很难将它们分离。费曼在 1959 年的演讲中就预料到了这个问题，他提出：“这就像那些老电影里的场景，一个人双手粘满了糖浆。”

“胖手指”问题指的是，当你开始用机械设备移动原子后，你会发现与费曼的演讲题目相反，实际上底部是没有足够大的空间来控制在任何特定的化学反应中到处乱飞的原子数量的。发生反应的不是单个原子，而是一堆原子，即使是最简单的操作，也需要几十个“手指”来操控。斯莫利对德雷克斯勒提出了质疑，同时也含蓄地质疑了费曼提出的主张，他认为纳米尺度上根本没有足够的空间容纳这么多“胖手指”。

在斯莫利看来，物理操控原子的想法是错的。他反驳德雷克斯勒，宣称化学更具温情。它需要某种复杂的“舞蹈”，包括多维度的运动，以及吸引力和化学连接的正确融合。这不是可以根据外界机械装置强行完成的事情。斯莫利说：“手指不会产生化学反应。”

德雷克斯勒对此很不耐烦，他回答斯莫利，尽管“黏手指”对于吃着甜甜圈研究原子的人员是个问题，但在移动分子上另当别论。生物学每天都在向我们证明这一点。实际上，是生物学启发了德雷克斯勒走上分子制造这条路。

通过一系列发表的文章和公开信，两人之间的争论愈演愈烈。斯莫利公然指责德雷克斯勒不懂化学，德雷克斯勒则反击斯莫利显然不懂生物学。斯莫利指出，如果生物学可以证明这一点的可行性，那么水将是未来纳米制造必需的介质。换句话说，分子制造只能是“湿的”。德雷克斯勒回复斯莫利，他“没有充分理解这种说法”，并表示他在“混淆视听”。当意识到这场争论已经变成人身攻击时，斯莫利回复“德雷克斯勒是在吓唬我们的孩子”，影射了德雷克斯勒“失控的全球性生态吞噬”这个弥天大错。日益尖锐的争论甚至榨干了关于分子纳米技术的科学乐观主义。[4]

在这场公开的口角之后的几年里，纳米技术领域的很多观望者对这种论调和自负备感沮丧。他们发现这场辩论分散了人们的注意力，与实际的纳米技术研究没有太大的关系。迄今为止，纳米技术的大多数应用集中于创新使用人造纳米材料，而不是制造未来纳米机器人。对许多纳米科学家来说，分子制造这种高度投机的设想似乎只是徒劳无果的小插曲。使用分子大小的机器来执行精确的手术或制造任务，这类想法只存在于德雷克斯勒的幻想中。它就像开着“纳米车”派送迷你比萨一样愚蠢。为什么要浪费宝贵的科学时间、资源和公信力来争论这些问题呢?

严谨的科学家想要继续他们的纳米技术研究，这样看来，沮丧也是可以被理解的。但是将德雷克斯勒和斯莫利的辩论斥为毫无意义，这对于那些想要了解纳米技术对自然世界的干预的人来说，无疑错过了一件具有重大意义的事情。尽管存在缺陷，德雷克斯勒和斯莫利的辩论突出了纳米技术在人造时代具有重要的实践影响力。斯莫利认为德雷克斯勒不懂化学，德雷克斯勒认为斯莫利不懂生物学。然而在自然界中，生物学和化学的基本运动都是在纳米尺度上进行的。无论谁在这场辩论中获胜，这场辩论本身就揭示了纳米技术人员真正在做什么。原子和分子尺度上的工程材料和设备意味着“制人”试图有意修改长期以来通过物理学、生物学和化学建立的蓝图，希望这将使我们更有效地适应周边世界。

尽管纳米技术人员不会声称自己拥有改写自然法则的能力，但他们显然正在学习如何在这些法则的边缘探索，从而开辟出惊人的新领域。如果他们的倡导是可信的，那么生物化学的过程就可以按照地球历史上从未有过的方式进行。一系列全新的可能性将会出现。这些可能性被称为“生物 2.0”，或是“新一代化学”，抑或“合成物理”。总之，研究人员正在探索我们人类从未涉足过的领域。

正如德雷克斯勒“灰色黏质”所警告的那样，我们有理由对涉入这一领域和干预建立已久的模式保持谨慎。想要完全控制我们创造的世界的努力还略显不足。我们没有预料到的事情发生了。在宏观尺度上，材料会疲劳，不可预测的化学反应会发生，一系列奇怪事件会接连出现。社会的不确定性也开始显现。

美国国防部前部长唐纳德·拉姆斯菲尔德曾对“未知的未知”这一潜在危险发出过警告。无论科学家如何竭尽全力去根除这些隐患，纳米技术专家知道这些“未知的未知”仍旧挥之不去。这一点在不为众人熟悉的纳米领域尤其如此。

来自美国“铁锈地带”的技术哲学家史蒂文·沃格尔非常理解世界的这一特性。他指出，在物质世界中构建任何东西都需要接受一些可预测性的丧失。一旦你通过制造一种设备或结构实现了一个想法，你就立刻丧失了对该产物的一小部分控制权。

对于人工制品来说，这是个基本道理。物质世界充满了不可预测的元素，这些元素被融入我们建造的事物中。即使是最佳构造的人工制品也保留着一点点野性，这种野性一直有可能回来困扰我们。桥上锈蚀的钢筋、飞机液压系统突然出现裂缝、计算机网络中未被发现的故障，这些都表明物质从来不是百分之百固定的。对于相对完整的人工制品来说，情况确实如此。但如果人工制品可以自由移动和自我复制，那么这种固有的天然性就会迅速成为人们日益关注的焦点。“灰色黏质”很好地提醒了我们这一点。

沃格尔的警告与其他考虑过特定技术影响力的人所提出的类似担忧相呼应。例如，一位名叫基考克·李的英国教授写了一本名为《自然与人造》（*The Natural and the Artefactual*）的书。尽管这部作品在出版时并没有受到哲学界以外的太多人的关注，但当我们逐步踏入一个日益明显的人造时代时，它提出了一个值得牢记的重要观点。

李对纳米技术这样的“深层技术”提出了警告。出于人类的目的，这些技术深入事物的本质，从而实现事物的重新组合。李提出的一个问题是，这可能危及人类的健康和福祉。我们的身体根本不适应这些材料，环境也是如此。沃格尔和李也怀疑我们无法预测关于深层技术产品的所有性能。对李来说，纳米技术和生物技术天然就是有风险的，因为它们带领我们认识了物质结构的深处。

此外还有一种担忧，李在价值和意义层面发现了存在重大转变的危险。她认为纳米技术是“自然的替代品”，因为它用自然提供的东西来交换人类认为更好地满足其需求的东西。李认为，这种行为具有道德层面的意义。纳米技术用完全人造的东西取代了我们所依赖的东西，或者勉强来说，我们所尊重的东西。这是一种对一些根本性事物的操纵，这些事物不断榨取着我们和这个世界。我们已经在一个重要的领域实现了从自然范畴到人工范畴的转变。

李担心自然会被纳米技术“取代”。这种担心可能有点夸大了。由于缺少迅速扩散的“灰色黏质”，我们总能找到健康的天然资源。这个世界将会保留蕨类植物、瀑布、甲虫、麻雀、美洲狮和章鱼，不论科学家研发什么样的纳米设备，所有这些都将使我们生活的地方变得更加生动有趣。

然而，李对深层技术的道德层面的担忧却反映了哲学上的一些重要问题。如果“制人”真的能在如此根本的层面上重新组合物质，那么我们就能着手建立一个与过去相差甚远的世界。利用纳米技术，自然本身设立的边界将无法限制我们的活动。物质将不断地在原子尺度上重新组合，从而更好地服务于我们。这不仅意味着随着我们的需求不断膨胀，这个世界将充斥着越来越多的人工制品（这种情况肯定会发生），同时也意味着世界将充满越来越多不同种类的事物。从根源来看，这些事物完全是人造的而非自然形成的。

对很多人来说，这听起来像是“制人”的一场梦。不再局限于用地球上的“泥土”来制造东西，人类能够设计他们自己的“泥土”，从而创造一个能更有效地执行命令的世界。以前被认定在物理层面不存在的机器和材料结构，未来可能成为人们日常生活中的一部分。人类能够彻底跳出自然的框架去思考。

但在这个过程中，我们对这个世界的感知，以及它对我们的限制，这些基本的东西开始发生改变。过去，人工制品由自然界中有限范围内的现有材料制成，包括木材、矿石、液态烃、贵金属和各种熟悉的化学元素。这些材料带领我们走不了多远，就会碰到一块标志牌，上面写着：“止步于此！”

在纳米技术时代，这些限制会发生改变。原子制造和分子制造意味着重新思考把自然作为人类强加其设计的基础和限制性基质。人工制品变成了用已被刻意制造出来的物质再刻意制造出来的东西。因此，无论是在最终产品上，还是在制造这些产品的材料上，人工制品都是经过两次人为加工的。我们将生活在一个被彻底改造的世界，一个日益不受限制的世界。这种突然爆发的可能性既振奋人心，同时又让人迷惘。

突破这些限制当然带来了一些新的东西，也许是值得追求的东西。正如德雷克斯勒承诺的，我们可能看到一个“极其富足”的未来。这是一个值得谨慎探索的未来。但与此同时，我们也应该深刻认识到这标志着我们向未知又迈出了一步。

纳米技术或许标志着令人震撼的科幻小说最终成为现实。它可能标志着超越材料限制、释放创意和无数新的经济机会。也可以说，纳米技术的发展标志着人类开始重新安排周围的环境，这种重新“安排”使人类赖以进化的熟悉的世界变得完全陌生。在纳米技术领域，既有希望，也有恐惧。

理查德·费曼在60多年前首次提出的梦想，仅是我们走进正在创造的新世界的众多入口之一。纳米技术是重塑世界的第一种方式，而重塑世界恰巧是人造时代的特征。纳米技术主要关注自然界的无生命部分，其他技术则关注自然界的生命元素。当一个人能够在纳米尺度上进行加工制造，他就自动获得了在DNA尺度上的制造能力。这么说来，若是发现有另类的未来学家试图探索有趣的方式来弥补基因缺陷，就不足为奇了。

第3章

基因定制

20多年前，全世界都在庆祝人类基因组工作草图绘制完成的消息。时任美国总统比尔·克林顿和时任英国首相托尼·布莱尔在一场联合新闻发布会上宣布，一项政府和社会资本合作计划成功绘制了人类DNA美丽的双螺旋阶梯所有梯级的草图序列。

人类基因组计划提前完成且在预算之内，这得益于一家私营公司在后期加入了这项政府资助的项目。这家私营公司——塞莱拉基因技术公司带来了一种更高效的技术来识读这项至关重要的序列，自由市场对此欢呼雀跃。克林顿总统将这份草图与昔日荣耀的领土版图进行对比，带着他标志性的笑容宣布："毫无疑问，这是人类创造的最重要、最奇妙的地图。"总统说，有了如此深刻的发现，"我们正在学习造物主创造生命的语言"。

这当然是一项卓越的成就，它展示出人类巨大的耐心和技术实力。人类基因组包含大约 24 000 个基因。这些基因由 30 多亿对核碱基（腺嘌呤、胞嘧啶、鸟嘌呤和胸腺嘧啶）组成，这些核碱基构成了广为人知的 DNA 阶梯的梯级。为了绘制基因组，科学家必须在长长的螺旋状基因组上识别并定位出每个核碱基对的正确位置。

在读取核碱基之前，小片段 DNA 必须被转移到细菌细胞中，这些细菌细胞就像复印机一样，复印出多个片段副本。这种复制技术增强了科学家对所读碱基字母顺序的信心。在最佳条件下，基因序列只能在较短的片段中进行解读，因此需要绘制多个重叠序列，并对不同的片段进行比较。当每个片段被确认后，就可以开始拼凑整个基因组的目录。科学家必须反复多次、完整地检查 30 多亿核碱基对序列。

经过近 10 年的艰苦努力，来自 18 个国家的数千名基因学家顺利完成任务。一份可靠的基因组草图就此问世。政客喜笑颜开，趾高气扬地拍拍每个人的后背，享受共同的荣耀。[1]

这一成就确实具有历史意义。人们心知肚明，因为不仅是政客言辞夸张，甚至连科学家也一反常态，夸夸其谈这可不只是要重印在生物教科书上的新事实。该项目的负责人弗朗西斯·柯林斯认为，这种解码为了解世界提供了一个无价的镜头。柯林斯宣称，回顾过去，基因组讲述了“人类物种穿越时间的旅程”。展望未来，这一新知识有望成为“具有变革意义的医学教科书，其深刻见解将赋予医疗服务人员治疗、预防和治愈疾病的新的巨大力量”。布莱尔首相充分调动了人们的热情，他说这一发现不仅标志着新一代医学的开始，也标志着人类向“前沿”和“新时代”的跨越。人的生命已经回归到它的生物化学本质。人类的基因构成已经成为人人都能读懂的内容，这为更高水平的研究和分析做了充分准备。

尽管解码人类基因组无疑为各种医疗和诊断程序的进步提供了可能，但在该项目完成以来的几年里，诸多复杂情况频出，这抑制了最初的一些热情。把特定的基因与特定的疾病和行为联系起来，并不像配对扑克牌那么容易。基因在决定我们成为什么样的生物方面扮演着重要的角色，这其中有种种复杂性和偶然性。

首先，除了基因组计划绘制的细胞核内的 DNA，细胞核外的细胞质中也有对人类发育产生重大影响的 DNA。后一种 DNA 被称为“线粒体 DNA”，它从来不属于人类基因组计划的研究范围。

基因并不会决定全部。人们一直认为，一个人的未来受到基因和环境（先天和后天）的共同影响。基因自身能力有限。一个人的成长和生活环境对如何、是否及何时开启和关闭基因都会产生很大的影响。

人们发现环境因素并不只是与当下被环境左右的人有关。不同因素导致基因活跃于人一生中的不同阶段，但今天发生的事似乎也能开启或关闭后代人的基因。在瑞典，一项对个体进行的可追溯研究表明，父母承受的压力，如反复失败导致食欲不振，可能会改变后代的 DNA 表达。换句话说，DNA 有可能受到环境的“伤害”，其影响只有经过一两代人才会显现出来。美国科学家在大屠杀幸存者的后代身上也发现了类似的现象。这种“遗传创伤”意味着，即使切身经受过压力的上一代人没有出现什么特别的症状，其孙辈还是更容易患上糖尿病、心脏病等疾病。与拉马克主义者的进化论观点遥相呼应的是，个体似乎能够通过自己的基因组，把自己一生中经历的某些事情的后果传递给下一代。

还有一点鲜为人知的是，人体内部约 100 万亿个单细胞微生物对我们的健康和疾病有影响。从口腔到结肠内部，再到我们的脚指甲，大量构造简单的有机体附着于人体，伴随我们一生。它们大部分时候维持着我们的健康，但偶尔也会使坏。从基因角度讲，我们人类更多是由微生物组成的。这些微生物包含的遗传物质总量是我们自身细胞包含的遗传物质总量的 100 倍。微生物会影响我们的气味、情绪和行为，影响我们和谁一起出去玩，或许还会影响我们和谁交往。在人生的每一个阶段，如果没有合适的微生物群与人体共存，我们不可能成为完整的人类。由于受到微生物群的巨大影响，人类的自然选择对象现在成了整个人类生态系统，而不仅是人类基因组本身。医学与遗传学相关，也可能与生态学挂钩。

表观遗传学这个完整领域研究的是细胞如何根据基因组之外的因素来解读基因。正如戴安娜·阿克曼所说："表观遗传学是遗传学套装中的第二条裤子。"它显然是一条非常大的裤子。虽然人类基因组只有 24 000 个基因，但表观基因组包含了影响人类发展的数百万个因素。换句话说，基因组本身手里只有几张牌而已。对基因组进行测序，最终也不可能解释全部。具有哲学头脑的观察者绝望地认为，人类基因组计划把人类简化为一张生物基因图表，生命的神秘和诗意也随之消失，然而他们大大低估了基因的复杂性。

尽管人类基因组计划没有一次性解锁人体的所有奥秘，但它确实为另一项变革性研究做出了巨大贡献。到头来看，这项研究对塑造人造时代的作用，可能比任何现有基因组图谱的作用都要大。在人类基因组计划期间，快速发展的基因读取技术打开了一扇截然不同而又意义非凡的大门，雄心勃勃的商人挤在门外叩门已久。

塞莱拉是一家与英美政府合作解码人类基因的私营公司。这家公司从未特别关注过人类基因与人类健康和行为的联系，它对此并无兴趣。在旁人看来，这家公司研究基因，不过是一个附带项目罢了。在白宫庆祝活动上，坐在克林顿总统旁边的塞莱拉创始人雄心勃勃、心存远志。

******

克莱格·文特尔出生在盐湖城，父亲是摩门教徒，嗜酒如命，吸烟成瘾。在儿子还小的时候，老文特尔被耻辱地逐出摩门教。为了逃避公众的羞辱，他们一家从犹他州搬到了旧金山郊外的一个工人阶级社区。年轻的文特尔说，那片海岸有无限的机遇，他感到很自由。文特尔很高兴离开了西部山区干燥的盆地，很快爱上了加州的海洋。

然而，他并不喜欢上学。尽管文特尔对工艺课很感兴趣，但他从来都不是一个特别优秀的学生，他以平庸的成绩勉强从高中毕业。相比之下，他更喜欢在海上的时光。他喜欢慵懒地躺在冲浪板上或是沿着海滩游上几个小时。当时没有人认为文特尔以后会有多大的成就。

年轻时，文特尔应征参加了越南战争，在海军医疗队服役。他在东南亚的一家野战医院里帮助治疗受重伤的军人。在此期间，他目睹了“春节攻势”的可怕后果。越南战场的黑暗经历深刻影响了文特尔的未来。至暗时刻的他曾试图游到深海自杀。在离岸一英里远的地方，他与一条鲨鱼周旋，最终放弃自杀的念头，慢慢游回海岸。自此，他下定决心要在战场上生存下来，返回家乡。他想通过学医来弥补在越南战场上医治受伤士兵时的经验不足。

回到美国上大学后，文特尔很快发现，相比于医学，他对生物化学和生理学更感兴趣。文特尔童年时对工艺课感兴趣，这意味着文特尔的内心深处有机械师和工匠的影子。与此同时，他也渴望创业。

在基因组学的研究中，文特尔为自己的热情找到了完美的出路。拿到博士学位后，他开始在水牛城的一所大学工作，之后在美国国立卫生研究院待了 8 年。在此期间，他研发了一种识别个体基因及其功能的新技术。1992 年，他离开了研究院，成立了非营利性私人研究机构——基因组研究所。在那里，他继续解读基因组，这也是他后来意识到自己非常擅长的事。在基因组研究所工作期间，文特尔参与改进了一种被称为“霰弹枪技术”的 DNA 测序法。文特尔发现，通过不断将基因组分解成多个更短的长度并识别这些片段，可以用计算机来匹配数千个读取片段，并绘制扩展后的序列。通过部署巨大的计算资源，基因组研究所很快建成世界上最高效的基因组阅读器。

困惑于人类基因组测序这项公益事业的缓慢进程，1998 年，文特尔成了一家新成立的基因图谱公司——塞莱拉基因技术公司——的总裁和首席科学官，目标之一是将霰弹枪测序法应用到人类基因组中。他认为用这种方法在 3 年内绘制人类基因组是可能的，而公共项目则需要 10 年。塞莱拉一度希望从这项工作中获利，然而科学家和公众越来越意识到人类基因组序列是一项公益事业，不应该被任何一家公司为了商业目的而垄断。

塞莱拉成功完成了测序。为了推广这个公共项目，在2000年的白宫典礼上，文特尔与项目负责人弗朗西斯·柯林斯向全世界公布了研究成果。知道自己完成了人类基因组项目的使命后，文特尔毅然离开了塞莱拉，回到了他在基因组研究所朝夕相伴的伙伴身边。在那里，世界上最好的基因组测序仪器迅速将他的注意力重新集中到他认为更重要的目标上。

当基因组测序工作在20世纪90年代末起步时，基因组研究所是第一个对完全自由生存的有机体——流感嗜血杆菌的整个基因组进行测序的组织。在对这个基因组进行测序后不久，研究小组成功破译了已知最小的基因组——生殖支原体。生殖支原体是一种生存在尿道中的细菌，它散布四周，传播疾病。在对生殖支原体测序之后，研究所的科学家开始着手研究其他微小的基因组，在接下来的几年里，他们对50多个基因组进行了测序。

文特尔把这种小基因组测序称为他的“最小基因组计划”。起初，这种对微小生物体的过度关注令外界感到困惑。为什么一家私人公司要花大把的金钱和时间浪费在如此简单的生物体上？外界还有更复杂、更有商业回报潜力的生物体呢。随着技术的进步，大多数研究小组将关注点从细菌转移到更复杂的生物体，如青蛙、老鼠和黑猩猩，对它们进行基因组测序。绘制与人类相似的基因组图谱有助于医学的发展，这也是每个人都期待能赚到大钱的领域。然而，文特尔及基因组研究所的团队对此并不感兴趣。

“塑新世”能直接给出这个问题的答案。文特尔的目标不仅是读取基因组，而且是重新构建它们。

******

在人类基因组计划已经启动时，合成生物学才刚刚兴起。合成生物学建立在生物学和工程学结合的基础上。这意味着需要学习如何精准地设计、建造、操作和复制生物装置。一个基因组说到底不过是一个很有趣的化学结构，由磷、碳、氧、氢和氮原子组成。如果研究者了解一个基因组的化学结构及不同部分的作用，他就能够把它拆开，再重新组合起来，并巧妙地处理一些有趣的部分。只要有足够的耐心和雄心，他就能够设计出新的基因组合。合成生物学旨在扩展和深化技术，从而按一定顺序构建基因组。它旨在打造一个可以自由设计、由人类而不是进化操控的生物界。

农业生物技术体现了将单个基因从一个生物体转移到另一个生物体以打造理想性状的价值。然而如果你不只是把一两个不同的基因转移到不同的物种中，而是开始置换或构建扩展的基因序列，结果会怎么样呢？也许你不仅可以创造不同的特性，还可以创造整个生物系统，进而创造更多的价值。

例如，如果你能在一个有机体中识别出所有用来产生某种化学物质的基因，并将它们转移到另一个更易于使用的有机体中，从而创造出一个相当于生物工厂的东西，结果会怎么样呢？如果需要把这种化学物质转化成其他东西，你可以从第三种生物体中提取适当的基因，来制造一种新型的生物生产单元。合成生物学家能够构建复杂且有用，但是自然界从未出现过的基因序列。

雄心勃勃的文特尔开始致力于生物体的制造。文特尔认为，既然基因是由相对简单的化学物质构成的，因此没有理由认为只有大自然才能构建出合适的DNA链，人类也能做到。并不是使用合成生物学来构建有用的基因组片段，而是尽可能去合成整个基因组。人们可以利用合成生物学技术在实验室里设计和制造整个生物体，而不是等着大自然去制造它们。

这个大胆的想法很快成为文特尔的首要目标。2006年，他将其研究和日益增长的商业利益结合起来，成立了一个名为克莱格·文特尔研究所的联盟组织。在联盟组织里，之前的基因组研究所里的一些元老级研究人员着手利用基因组的化学成分，从零开始构建可行的基因组。如今，其他一些著名的基因组学家也加入这个世界领先的科学实验室。

文特尔知道，对于人类来说，证明他们可以利用化学成分来制造生物体的整个基因组，这将是一个惊人的把戏。从哲学的角度来看，人类将进入一个完全不同的领域。生物体的基因组是“制人”从未构建过的。实现这一目标将使克林顿关于科学家学习造物主语言的承诺又向前迈进一步。人类不仅表现出阅读造物主语言的能力，同时也可以拿起笔来书写。

然而文特尔并不甘于抄写副本。如果能够成功地构建基因组，人类将不再满足于复制自然界中现存生物体的基因组。他们可以从头开始设计出更有趣、更有用的新产品，或像文特尔雄心勃勃的创业意图那样更有利可图。人类可以直接建造生物体，而不是建造无生命的机器来执行有用的功能。我们可以全然创造出自然界中从未见过的生物体来为我们服务。这将是一项了不起的成就，尽管有点科学怪人的味道。

在文特尔的这个梦想中，我们可能会发现它与纳米技术中的分子制造概念有些重合。这种重合是真实存在的：DNA 阶梯的梯级大约有 2 纳米宽，因此根据定义，DNA 合成是在纳米尺度上完成的。正如我们在前面看到的，分子制造已经发生生物学上的转变。尽管 DNA 碱基不会像纳米技术的分子制造那样使用“曲柄”和“棘轮”来组成序列，但技术人员必须同样小心以确保碱基按照正确的顺序排列。正如理查德·斯莫利对纳米技术的预测那样，所有这些都必须在溶液中进行。换句话说，构建基因组将是纳米流体技术的一种形式。

从哲学角度来说，合成生物学与纳米技术中分子制造的区别在于，合成生物学设计的人工制品不仅是机器，更是真正的有机体。成功的生物有机体有着非凡的结构。它们能够自给自足，修复伤口，在没有外界帮助的情况下繁衍下一代。进化压力塑造了生物体，使其能够高效可靠地具备精确的功能。如果人类设计出生物体来满足自身的利益，那么人类就很可能创造出最有效、维护成本最低的机器。这有望打造一个商业天堂。

在看到公众对转基因生物的反应后，文特尔意识到合成生物学必定会引发某些公众群体的担忧。毕竟，这是一种在实验室里创造生命的尝试。在合成微生物能发挥任何作用之前，必须采取多项预防措施。文特尔从埃里克·德雷克斯勒的错误中吸取教训，他认识到必须谨慎行事，才能避免引起人们对合成微生物或细菌存在于世的恐慌。就像纳米技术一样，这些有意设计的生物机器人可能会失控繁殖，这似乎是有道理的，然而即使如此，这些失控的黏质将是绿色的，而不是灰色的。文特尔必须保证将基因组构建控制在一定范围内。他必须证明人造基因组对人类健康的危胁是最小的。他还必须考虑合成生命若是落入坏人之手会产生怎样的生物安全问题。

从一开始，文特尔就明确表示他将严肃对待所有伦理问题。他在联盟组织里成立了一个政策小组，与战略和国际研究中心及麻省理工学院合作，调查合成生物体失控引发的伦理担忧。他们研究了各种危险情况，并制定了应遵循的原则，以减少危险。文特尔坚持认为伦理问题是可控的。

******

文特尔总是喜欢不走寻常路，但这次他选择了一个难以跨越的门槛。他的研究领域是生物学，但它处在生物学和哲学之间的模糊界限上。与纳米技术深入物理学和化学的方式类似，在合成生物学中，人类拿来一些基本的生物学机制供自己使用。生物世界不再是人类出现之前35亿年自然进化的产物。这将是一个我们自己塑造和设计的世界，用以满足我们自己的需求。

关于意义和价值的重大问题出现了。随着合成生物学的发展，生物和人造生物的区别开始变得模糊。两个通常来说不同的类别——生命体和机器，将以一种前所未有的方式融合在一起。到目前为止，人类制造的机器都是无生命的。它们没有自我复制或自我维持的能力，它们通常需要外部电源，它们往往不是由有机分子组成，而是需要操作员按下“开始”按钮来启动。除了德雷克斯勒的“灰色黏质”噩梦之外，这些机器尚未在生物学领域造成什么危险。

这一切即将改变。如果文特尔成功了，一些由人类设计的机器将成为能够自我生存和自我保护的生命体。这将使地球及其生态系统进入全新领域。人类和生命世界之间将出现一种全新的关系。人类将成为生命形式的创造者，因为人类开始制造一套本质上是生物体的物质。

这些听起来很有戏剧性。它与过去的人类历史之间明显产生了割裂，一个前所未有的人造时代即将开启。但是“人造生命”这一概念真的是全新的吗？一些生物科学观察家认为这是一个再熟悉不过的词。他们介绍道，饲养的牛羊就是一种“活机器”，是为满足人类需求而制造的。这些动物经过精心饲养，发挥人类认为有用的功能，如产奶、产羊毛或提供牛肉。颗粒饱满的小麦和玉米也是如此。这些被篡改的生物体中有许多可以自我复制，并且在某种程度上是自我维持的。通过驯化植物和动物，人类似乎已经塑造了一个“生命世界”来满足自己的需要，并为自己谋利。只要到农场走一趟，就能看到很多这样的“生物机器”。

这种说法当然有些道理。饲养的牛无疑是人类有意塑造出来的。但是，在人造细菌和精心饲养的农场动物之间存在一个重要的概念上的区别。一头牛或一只羊不像人造微生物那样只是一种“机器”。家养动物吃天然的原料，经过母体繁殖出来。绵羊和它们野外的祖先有着密切的联系，它们有很长的生物进化史，这是从零开始设计的微生物所完全没有的。通过精心培育奶牛，原本有用的生物体获得额外价值；通过驯养动物，人类小心翼翼地在大自然现有的基础上加以建设，这里稍加调整，那里稍加改造，以使现有的物种更好地满足我们的需要。

相比之下，人造微生物是人类为了自己的利益从零开始创造的——不仅是对一个毛茸茸的样本和一个肌肉发达的样本进行杂交，更是通过构建精确的基因组来最有效地服务人类。这种类型的操控将不仅是“塑造”，还将是一种“创造”。人造有机体将成为彻头彻尾的人工制品，根据特定的设计建造而成。此外，这项发明将在无菌实验室中进行，由身穿白大褂的科学家手持尖端技术工具进行操作，而不是在遍地咩咩叫的动物和臭气熏天的潮湿农场里进行。

合成生物学和从零开始构建基因组的想法，好似基考克·李所说的“深层技术”的一个案例。它深入自然界的运作机制中，对“生命”的概念进行根本性改变，以致它与之前出现的任何事物都存在本质上的不同。与纳米技术一样，合成生物学也是人造时代的一种工具。但是，合成生物学并不是简单地对自然的物理结构和化学结构稍作调整，而是调整生命本身。与纳米技术相比，合成生物学跨越了一条重要的边界。它把人类变成一个全新的更强大的创造者。我们将设计建造一个全新的生命世界，周围遍布自己创造的怪物。

与纳米技术领域的分子制造不同，合成生物学已经朝着目标取得了重大进展。

第4章

人造生命

如今，合成生物学正在逐步取得进展。在尝试从零开始创造完整的有机体之前，合成生物学家一直致力于开发有用的基因序列。一个完全由人工合成的微生物的前身是一种含有大量DNA片段的微生物，这些DNA片段在实验室制成。如果操作顺利，这些片段可以注入宿主有机体的体内，以发挥有价值的功能。目前来看，此领域具有代表性的例子就是合成抗疟药物青蒿素前体的生物系统工程。

21世纪初，加利福尼亚州一支由生物学家杰·基斯林领导的团队通过大量引入艾草的遗传物质，人为改变了酵母细胞的DNA。艾草是一味传统中草药，在20世纪70年代初，中国科学家对其抗疟特性进行了细致研究。从艾草中提取青蒿素的有效临床方法，与中国科学家进行的关于如何遏制疟疾在越南战争期间对越南士兵产生毁灭性影响的研究有关。虽然从艾草中提取的成分很有效，但它的生产速度慢而且成本高。多年来，人们一直努力研究如何在实验室中合成药物。

通过导入艾草中具有抗疟功能的化学成分的一组基因，基斯林和他的同事成功地改造了酵母细胞，使其比艾草更有效地产生青蒿素。这是一个带有戏剧性的基因诡计。基因导入后，一部分酵母细胞将失去原有功能，转为执行艾草的细胞功能。

基斯林的实验室完成的基因操纵，远远超出了传统基因转变（GM）中的任何方式，例如，转 Bt 基因棉或抗除草剂大豆的培育方式。为了制造有效的抗疟疾化学成分，酵母菌中的几个基因必须被打开或关闭，以使新功能可以在酵母菌细胞壁内发生。同时也要调整插入的艾草基因，以便它们能在不同的宿主体内有效地发挥作用。基斯林团队的此项工程使酵母细胞变成了抗疟剂的活体生产“设备”，未来这种酵母还将用于酿酒或制作面包。这种类型的代谢工程本质上是在另一个生物体体内建立一个生物工厂。利用这些方法，合成其他有效药物（如合成抗生素和合成疫苗）也将成为可能。

一个官方的基因片段的储存库的建立，推动了类似基斯林所进行的代谢项目的进展。这些基因片段被称为“生物积木”。每个生物积木都有其特定功能。由麻省理工学院管理的国际生物积木注册表可供世界上所有研究人员使用。这个注册表包含了超过 3 000 个标准格式的有用基因序列，任何一个都可以在线定制（就像在亚马逊网站上买东西一样）。生物积木注册表本质上是合成生物学的数字化仓库，当制造商需要某些部件来建造生物机器时，他们可以调用生物积木。与大多数工业仓库不同，生物积木注册表不是为了商业获利，它是完全开源的，是专门为了帮助推进一个新兴产业而设立的。

代谢工程虽引人注目，但只是个中转站。像文特尔这样的人，他们的真正目标仍然是完全合成基因组。当基斯林不断完善他的抗疟药项目时，文特尔团队的研究人员也在接近他们的目标，即建立一个完全合成基因组。

人类基因组计划完成仅 3 年之后，由克莱德·哈钦森、辛西娅·普凡库赫和汉密尔顿·史密斯组成的克莱格·文特尔研究所迈出了重要的第一步，即从简单的读取基因组到构建基因组。他们利用化学物质在实验室里合成了一种名为“PhiX174”的病毒的基因组。尽管这具有里程碑式的重大意义，但人们并不认为病毒是自由生存的有机体，因为它们需要宿主才能生存。未来，病毒基因组的研究任重道远。

2007 年，也就是成功合成病毒 4 年后，文特尔团队破解了如何用一种细菌的基因组去替换另一种细菌的基因组，并使引入的基因组接管细胞功能。这种细菌基因组的转移是一个非常重要的前体。随着时间的推移，研究小组对基因组合成和易位的了解越来越深。2008 年，团队合成了生殖支原体（他们在 20 世纪 90 年代成功破译的尿道细菌）的整个基因组。

尽管生殖支原体的基因组非常短，但它仍然含有大量的化学结构。要制造出这么长的DNA链，必须克服许多技术障碍。除了保证越来越长的DNA片段的脆性，还要确保582 970对核苷酸正确排列。此类拼接工作需要那些友好的酵母细胞的帮助，基斯林的团队已经在抗疟药物中使用了酵母细胞。结果证明酵母细胞对细菌DNA非常友好。

生殖支原体基因组的成功制造使合成生物学跨上了一个新的台阶。这是第一次在实验室里用化学成分合成独立生物体的整个基因组。与病毒不同，细菌可以制造和储存能量。它们也可以独立于任何宿主进行复制。这意味着科学家可以在实验室里复制自由生存的生命形式的基因组，并且完全独立于任何自然过程。在人类基因组计划完成后，文特尔坚持研究更简单的生物体，这一赌注似乎开始有了回报。

尽管这一成就备受瞩目，但一串DNA并不是一个有机体。为了合成一个有机体，合成的基因组必须被放置在一个友好的宿主中，这样它所包含的指令就可以被用来运行一个真正的有机体。2007年，细菌基因组的成功易位表明，将非合成的基因组插入不同的细菌细胞并接管细胞是可行的。为了创造出第一个真正合成的细胞，研究人员必须对一个完全合成的基因组进行同样的操作。

研究团队被迫从生殖支原体基因组转移到更大的细菌，即丝状支原体，因为它有更快的复制优势。他们成功合成了更长的基因组后，剩下的挑战是将合成物移植到细菌宿主中，然后

“启动”宿主细胞，使其复制插入的 DNA。被选中的宿主是另一种细菌——山羊支原体。

技术上的挑战使项目进展相当缓慢。细菌的细胞被膜通常不是高度戒备的，所以如果没有预防措施，细菌就会像甩扑克牌一样交换 DNA。鉴于基因的杂乱性，为了保护自己不去吸收不需要的基因，细菌细胞形成了许多限制系统来对抗外来的 DNA。在文特尔团队的科学家将合成的丝状支原体基因组插入山羊支原体宿主之前，必须绕过这些防御。在移植过程中，他们还必须确保又长又脆弱的 DNA 链完好无损。

经过 10 年的努力和 4 000 万美元的投入，2010 年 5 月，文特尔团队在《科学》杂志上发表了一篇文章，宣布合成基因组移植首次获得成功。一个通过合成、组装得到的丝状支原体基因组被插入山羊支原体受体细胞中，由此产生一个受控制的丝状支原体细胞。这个新的有机体被命名为丝状支原体 JCVI-syn1.0，文特尔自豪地称其为“世界上第一个合成细胞”。细胞随后立即开始增殖。

为了能够轻易地区分其后代和自然形成的丝状支原体细菌，研究人员在基因组的非活性部分编码了几个遗传标记，其中包括研究人员的名字、为这个新生命建的网址，以及詹姆斯 · 乔伊斯的名言，“去生活，去犯错，去跌倒，去胜利，去用生命再创生命”。当然还包括纳米技术先驱理查德 · 费曼的名言：“我不能创造的东西，我也不理解。”媒体随即将这个新生命命名为“辛西娅”。

媒体和科学界一片哗然，这也清晰地表明事态的严重性。文特尔声称，启动丝状支原体 JCVI-syn1.0 的合成基因组既是一项技术突破，也是一项概念性突破，并称其为“在我们如何看待生命方面的一次哲学意义上的巨大飞跃”。他毫不掩饰地将未来的可能性描述为“进化的新阶段”，在这里一个物种可以坐在电脑前设计出另一个物种。其他热情的拥护者把合成生物学称为“生命 2.0 版”和“超越进化”。对许多人来说，这是人类的一项重大且全新的责任。有人抛开自然规律，将其称为“再生”。

并非所有人都持乐观态度。有人指出，JCVI-syn1.0 的细胞只是半合成的，因为构建的 DNA 被插入一个非合成的细菌宿主中，也有人认为文特尔对整件事夸大其词。文特尔的话呼应了德雷克斯勒和斯莫利在纳米技术领域的激烈辩论，促使杰·基斯林（在回答一个关于合成生物学监管的问题时）提出建议，在这个全新领域唯一真正需要监管的就是“同事的嘴”[1]。

尽管人造有机体取得了巨大成功，但文特尔的最小基因组工程仍未完成。他想改进用于构建丝状支原体 JCVI-syn1.0 的技术，以创造最小的基因组，使细菌细胞能够存活。因为进化通常要经历漫长而曲折的过程，最终形成一个特定的有机体，所以每个基因组都有多余的、对生命来说非必需的基因。文特尔认为，他的团队可以构建比丝状支原体 JCVI-syn1.0 更小的生命体。克莱格·文特尔研究所为这种未来的最小合成细菌申请了专利，将这种生命形式称为“实验室合成支原体”。随后，研究人员开始通过系统地去除他们认为的非必需基因来建立“辛西娅”的基因组。

创建最小微生物基因组的想法是由其巨大的商业潜力驱动的。生物积木注册表的首要目标就是创建一个可行的最小基因组。最小有机体可以作为一个有生命的框架，功能性生物积木可以插入其中。这个最基本的有机体就像一个生物工厂的地板，在它上面可以放置任何需要的生物工业机器。也就是在这里，文特尔期望能赚大钱。

2016 年 3 月，文特尔团队研究人员发表了一篇文章，宣称已经识别并合成他们认为的最简单的生命体所需的 473 个基因。在成功将这个最小基因组插入细菌宿主体内并启动之后，文特尔宣称创造了“历史上第一个人造生物体”。与丝状支原体 JCVI-syn1.0 不同的是，它不仅是现有基因组的复制，还是一种微小的、全新的生命形式。早在 2000 年，美国太阳微系统公司创始人比尔·乔伊就曾预言：“原本受限于自然界的繁衍和进化过程即将成为人类努力的领域。”[2] 通过设计和构建最小基因组，文特尔团队最终实现了乔伊的预测。他们创造的人工生命形态并不是从进化中产生的，而是产生于人脑突触。智能设计通常是指怀疑进化论的基督徒对生物起源的神圣解释。在这种情况下，人类第一次成为生命的智能设计者。

在解码了被认为是世界上最小的自然形成的生殖支原体基因组近20年后，同时也是从越南回来半个多世纪后，文特尔成功地完成了自己的设计，这可能是这个星球在数百万年间见到的最小的生命形式。

******

文特尔经常在他的公开演讲中提出，世界上第一个万亿富翁将是第一个大规模设计和生产营利性人造生命的人。这些生命体的用途非常广泛。跨国商业利益集团翘首期盼与克莱格·文特尔研究所的商业分支——合成基因组学公司合作。这些利益集团包括英国石油公司、美国农业巨头孟山都公司、美国阿彻丹尼尔斯米德兰公司、瑞士诺华制药公司，以及美国国防部研究部门国防高级研究计划局。化石燃料公司埃克森美孚也承诺与合成基因组学公司合作，并投资3亿美元开发可生产生物燃料的合成藻类。[3]

一提到此类联盟，环保主义者通常会神经紧绷。但是，与纳米技术相同，环保主义者不得不承认这些微型生物机器可以完成许多理想的任务。文特尔在他的万亿富翁谈论中经常提到人造生命对环境的好处。除了合成燃料，微生物还可以用来消耗大气中的二氧化碳，从而帮助解决全球变暖问题。它们可以更有效地分解纤维素，从而促进生物燃料的生产。不同类型的合成微生物也可以用来治理污染。

在完成同一个任务上，人造生命与非生物机器相比具有许多固有的优势。微生物是地球上物种最为丰富的生命形式，因此不需要采购昂贵的零件。它们从周边环境中摄取能量，具有自我维持和自我修复的能力，以及无限复制的潜力，而且不会产生任何传统意义上的污染。它们完全是有机的，在生命终结时也不必做任何处理，它们会自然地分解为组成元素。说到这儿，你就会明白为什么绿色企业家认为这可以赚钱。如果合成微生物能够减缓全球变暖，并提供丰富的碳中性燃料，环保主义者又怎会反对呢？

人们提出反对的原因通常在于其风险。从安全角度来看，人们可能会思考扮演生命创造者的角色是不是明智之举。在人类干扰自然的所有方式中，试图用几十年的基因组研究来达成大自然通过 35 亿年的尝试和犯错形成的结果，这似乎是非常不明智的。合成微生物带来的生态风险可能会非常严重。目前合成微生物被释放到环境中后，还不清楚其能否被撤回。迈克尔·克莱顿描绘的失控的纳米机器人的恐怖场景可能会以全球蔓延的合成细菌的形式再次出现。值得提醒世人的是，DNA 会随机发生突变。

然而，还有另一种反对的声音让基考克·李这样的人都感到后怕。当合成生物学的倡导者开始谈论“超越进化”和“重造自然”时，似乎就有所暗示。克林顿总统在庆祝人类基因组计划完成的演讲中提到了“学习生命的语言”。就像德雷克斯勒的同行告诫他不要蔑视化学一样，在生物学上，对达尔文进化论的完全蔑视是非常可怕的。

******

自从11 000年前在新月沃土驯化第一批农作物以来，人类就一直无视自然进化的力量。到了19世纪50年代格雷戈尔·孟德尔完成他的豌豆实验时，这些操作在遗传原理方面已经有了坚实的科学基础。维多利亚时代的饲养者为了满足个人的审美对狗和鸽子进行装扮，这表明人类会毫不犹豫地按照自己的喜好来处置这些动物。达尔文本人也欣赏并从这些做法中学到一些东西。自从20世纪70年代生物学家斯坦利·科恩和赫伯特·博耶首次在实验室对大肠杆菌DNA进行基因操作以来，人类塑造基因组的方式已不限于控制其繁殖，而是更直接地通过使用基因枪和其他技术手段添加或删除特定基因。人类在调整基因组以满足自我需求方面已有长久的历史，同时自然界也在不断地进行自我调整。

然而，这些基因操作没有任何一种能彻底实现与生物学的根本割裂。基因工程的出现打破了达尔文对生命起源的垄断性解释。

在人造生命出现之前，人们可以用达尔文主义解释地球上的任何生命体。每一种生物，如越南森林中发现的羚羊或者导入苏云金芽孢杆菌基因的棉花，都从祖先那里继承了绝大多数的 DNA。除了一些细菌和线粒体 DNA 在一代生物体之间横向转移外，基因组一直是由祖先通过繁殖垂直遗传下来的。这些祖先也有自己的祖先，演化进程里的所有祖先都有实体联系。在合成基因组出现之前，父母和后代之间一直存在着一种具体的遗传联系。这就是为什么说所有的生命都起源于同一个祖先。35 亿年以来，每个物种都遵循着达尔文的自然选择论。

尽管合成生物学存在广泛争议，但是转基因生物学并未像合成生物学那样取代达尔文的物竞天择论。如今，转基因作物在全球的种植面积超过 1.75 亿公顷，彻底改变了农业。印度著名的反转基因活动家范达娜·席娃曾说过，“GMO”应代表“God move over”（上帝请让位），而不是“Genetically Modified Organism”（转基因生物），但实际上转基因技术是基于达尔文主义产生的。自科恩和博耶取得突破以来，所有被改造的生物体都保留了进化的特点。顾名思义，转基因生物只包含对现有基因组的修改，这些改变通常只影响有机体中总数不到 0.1% 的基因。在这些被修改的生物体中，大部分的遗传物质仍然是在地球漫长的进化中诞生的。对 99.9% 没有被修改过的基因组和不到 0.1% 被修改过的基因组来说都是如此，因为外源基因本身就是自身进化史的产物（尽管是在不同的生物体中）。

尽管农作物育种和农业生物技术已经允许人类将意愿融入

生物体的DNA中，从而对生物体的行为进行有价值的改变，但它们并没有威胁到达尔文的基本理论，即转基因生物中所有的DNA仍起源于进化。精心养育的抗过敏宠物狗仍然有狼的血统。处于反转基因运动风暴中心的所谓的“弗兰肯斯坦食物”，也一直与地球上的生命一脉相承。从物理角度来说，编辑过的基因组发源于远古祖先。

合成生物学第一次完全切断了这条因果链。就像“辛西娅”和实验室合成支原体那样用化学成分合成整个基因组，这是一个全新的概念。人造生物体实际上是没有祖先的。插入细菌受体的基因组经过修正，并未发生遗传行为。

克莱德·哈钦森是克莱格·文特尔研究所的一名研究人员，他在反思其成就时强调：“对我来说，合成细胞最值得注意的一点是，它的基因组由计算机设计而成，通过化学合成使之具有生命，并没有使用任何天然DNA片段。”[4]基因组不是源于自然，而是源于试管。人造基因组可以说完全是后自然的。戴安娜·阿克曼总结了这一变化的特点，即在这些新型合成生物体中，“数字特性取代了生物特性”。

合成生物学接过纳米技术改变制造业的接力棒，并做出进一步推进。随着合成生物体开始在地球上繁衍，我们逐渐将达尔文的进化论抛在脑后。正如文特尔指出的那样，放眼生命世界，人类首次发现生物DNA不是由达尔文的进化论得来的，而是由人类智慧锻造而成的。经过基因修正后的人类成了大自然有力的竞争对手。人类第一次成为非人类生命的创造者。人类将不再采取破坏性手段，而是通过设计全新的生命来增加这个星球的生命形式。有人把这看作是一种胜利，而有人看到的只是人类的自大和嚣张。

******

环保主义作家比尔·麦吉本在2003年出版的一本书中，讲述了他看到的基因工程技术取得的迅速进展。这本书试图唤醒读者，使其意识到其中的高风险。人类从未像现在这样试图从根本上重塑生物界。对于人类来说，这是与过去的彻底决裂，预示着未来的不确定性和不安。麦吉本认为，如果我们以身试法，情况只会更糟。他坚持认为，如果我们还想保持人类的本性，就必须与一些最具攻击性的基因武器划清界限。他写了一本关于基因工程技术的未来的书，书名是《够了!》。

麦吉本所说的道德核心是克制。人类在运用科技方面已经取得了长足的进步，但人类需要认识到有些领域最好不要插手。他认为开启一个可能篡改自然进化法则的人造时代是极其危险的。麦吉本的话寄希望于人类能够回头是岸，为时未晚。他相信人类停止发展基因技术从根本上决定了我们想成为什么样的人。在麦吉本看来，这是一个选择谦逊而非自大的决定。这是一个“保持造物主的创造者身份，而非取代造物主”[5]的抉择。

荷兰大气科学家保罗·克鲁岑提出，由人类决定自然及自然的未来，而麦吉本并没有理解我们现在所扮演的角色。创造合成生物体的基因工程技术正是人造时代的不二法门。在这一点上，我们别无选择。鉴于人类对地球造成的不可挽回的影响，我们只能开始有意识地建造物质世界和生物世界。克鲁岑提出，在“塑新世”，科学家和工程师将会在“引导社会走向环境可持续发展”方面扮演特殊角色。如果人类想要创造一个利己的星球，合成生物学只是众多可利用的技术之一。克鲁岑认为大幅度干预自然过程是一项既“令人却步”又“使人振奋”的任务。[6]

克鲁岑和麦吉本之间的辩论代表了两类人：一类将“塑新世”看作机遇，从而加大马力，大肆控制周边环境；另一类把塑新世看作呼吁人类慢下脚步，反思对自然进行干涉的契机。尽管克鲁岑一腔热血，但构建基因组并不具备必然性。这是我们决定“塑新世”未来走向的重要时刻。我们可以停下脚步扪心自问，我们正在做什么，我们踏上的这条道路会有哪些机遇和风险。我们也许会惊叹于在实验室利用代谢工程生产有价值的新药品种，我们也会犹豫是否能将人造生物释放到自然中，我们还担心它们可能会变异，并出现人类预想不到的行为。哲学家史蒂夫·沃格尔所说的潜藏在我们构造的一切事物中的那一小部分野性，在我们考虑将人造生物送入周围世界为我们执行任务时，是我们最应该思考的问题。

正如我们在克隆人等实验中所做的那样，我们可以找出临界点，划清界限。我们应该认识到某些界限是不可跨越的，要么是因为它们的风险太大，要么是因为它们过度改变了周围世界，甚至是我们自己。或者，我们可以推动合成生物学前沿技术的发展，并祈祷它们带来的好处会超过风险。

关于人造时代，最让我们惧怕的应该是这类重大决策，严格来说是塑造世界的决策并非符合民意。尤其是当公众受商业利益和企业家的花言巧语的蛊惑而走上这条道路，却对利害攸关全然不知时，这种情况就会发生。正如法学家杰迪代亚·珀迪在《波士顿评论》的一篇文章中所说，我们需要决定，我们所居住的世界产生于“飘忽不定和漫不经心，还是深思熟虑和谨慎抉择”。慎重起见，我们需要对引领未来的技术有更多的了解。

人造时代如何促进管理地球系统，这应该成为人们关注的焦点。利用纳米技术，我们成功地操纵了物质；利用合成生物学，我们成功地操纵了基因组。在这之后，我们也许会环顾四周，寻找我们世代生存的星球上还有哪些地方可以被改造，从而满足人类的需要。随着人造世界的扩张，我们可能会更加放肆地重塑地球，我们会接受重塑周围世界的其他方式。我们改造世界不再是从原子、分子或基因组入手，而是接下来要改造整个生态系统。

第 5 章

重构生态系统

不久以前，环境保护主义者关注的焦点比较明确，即保护自然。“自然”这个词意味着远离人类的绿意葱茏，它独立于文明的影响而持续存在。自然的运行法则是自发的、独立的。对许多人来说，自然具有自我组织的能力和多样化的特点，这赋予其自身一种神圣的含义。自然越独立于人类，它就显得越纯粹，也越有价值。

随着人类通过工业活动不断影响周围环境，自然逐渐改变了模样。比尔·麦吉本的环保立场具有代表性。他解释道，剥夺自然的独立性就等于剥夺了“自然的的意义”。体内含汞的大比目鱼、受气候变暖影响融化了的积雪、戴着无线电项圈的秃鹰或灰熊，都明确发出人类不断影响自然的信号。麦吉本说，如果没有独立存在的大自然，地球上就只剩下我们人类了。

麦吉本所说的独立且有价值的自然的“消亡”，是我们这个时代最显著的转变之一。它是完全由人类掌控的新时代理念的核心。它消除了过去用来制止人类行为的理念，为我们如何与周围世界互动提供了各种各样新的可能性。要想理解这种转变的意义，就需要理解在环境保护领域，“荒野保护”的理念有多么深入人心。

******

大部分环境史学家都知道，20 世纪早期的环境保护主义思想家奥尔多·利奥波德对鹤情有独钟。鹤是一种引人注目的生物，站立时有 4 英尺高，展开羽翼能覆盖一头牛。它的脖颈细长，鹤喙形如匕首，颜色灰暗，鹤腿看似纤细柔弱，微微向后弯折。人们不禁驻足观赏，惊叹大自然创造的美。但对利奥波德来说，这些在威斯康星州的沼泽地迁徙的鹤，其意义并不仅仅在于它们的美丽。事实上，吸引利奥波德的不只是鹤本身。

除了被鹤吸引，利奥波德还发现，鹤所生存的复杂的环境本身就是一个奇迹。漫长且无法阻挡的力量造就了鹤的优雅外形。同样的力量也将沼泽生态系统打造成适宜鹤、鹤的食物甚至是鹤的天敌生存的地方。

鹤这种自然生物可以说是地球漫长进化历程中的活化石。利奥波德把鹤的叫声描述为“进化”管乐队的号声。与此同时，他认为沼泽历经历史洪流洗礼而具备了“特别高的古生物学上的价值。”利奥波德认为没有鹤栖息过的沼泽就称不上是沼泽。如此贫瘠的沼泽地“漂流在历史的长河之中”，“忧郁而卑微”。[1]

利奥波德是一位与众不同的自然界观察者。大家公认他对周围环境中的微妙变化极其敏感。单纯描写一只臭鼬在雪地上留下的足迹和一只丘鹬在黄昏的天空中翩翩起舞，他就能写出好几页散文来。这种情感可以说是一个半世纪以来形成环境思维的基石。

未被干扰的自然是最令人心生向往的自然，利奥波德是这一观点的重要拥护者之一。漫长的地质演变和不断进化使自然界及其包含的生态系统发展出一种适当的形态和秩序。原生态的自然正是自然应有的样子。数百万年的生物历史赋予了它道德甚至宗教意义。

利奥波德并不是第一个提出这一观点的人。亚历山大·冯·洪堡、乔治·珀金斯·马什、亨利·戴维·梭罗、玛丽·特里特、约翰·斯图亚特·穆勒等，这些著名人物都支持该观点。洪堡或许是第一个将大自然内部各个组成部分视为彼此交织的“有机整体”的人。马什惊叹于大自然强大的塑造能力，这种能力塑造了大自然几乎亘古不变的形态和外表。

1908年，时任美国总统西奥多·罗斯福将大峡谷列为国家级天然胜地，他以其直率的风格完美地表达了这种情感。“就让它保持原样吧，”罗斯福要求道，“你无法改进它。岁月在塑造自然，人类只能破坏它。”对于所有这些思想家来说，在漫长的进化过程中，自然独立于人类，这是大自然具有价值的很大一部分原因。当我们干扰这些自然安排和自然生物时，我们就已经伤害了它们。

在《沙乡年鉴》中，利奥波德把罗斯福等人提出的长远观点称为“像山一样思考”。早在人类出现之前，地貌便是自然进化的产物。人类在这个古老的进程中显得渺小且卑微。后来，利奥波德在一篇几乎被美国环保主义者奉为神来之笔的文章中发表了环保界最著名的一句话：“一个事物只有在它有助于保护生物共同体的和谐、稳定和美丽的时候，它才是正确的；否则，它就是错误的。”[2]

利奥波德赋予未被触及的自然以崇高的道德内涵，这意味着他特别重视野生景观。1924 年，在为美国林务局工作时，利奥波德说服联邦政府将新墨西哥州的 50 万英亩的大片土地列为荒野保护区，这是美国第一块受到此类保护的土地。自那以后，吉拉荒野保护区又增加了 1.1 亿英亩土地，受到美国《荒野法》（1964 年）的保护。这片土地每年吸引数百万美国人到大自然中野餐、远足、露营或者狩猎探险。在许多美国人的心目中，荒野是脱离文明的重要避难所，提供了一扇了解人类领域之外的世界的清晰窗口。在一些作者看来，利奥波德激发的荒野理念是美国带给世界的最大礼物。

具有讽刺意味的是，成千上万的树木被砍伐并用来造纸，哲学家和环保作家就在这些纸上试图剖析利奥波德未被干扰的自然和荒野思想的意义和影响。虽然也有批评的声音，但利奥波德的思想在现代环境运动中还是占据了主导地位，至少在北美是这样。然而，在过去的 20 多年里，利奥波德等人提倡的浪漫主义的荒野观有一些严重的缺陷，并且缺陷越来越明显。越来越多持不同意见的人开始反驳他的观点，认为环保运动需要超越自然性和对野生景观的崇拜，转向环保主义的新观点。那些听似无害的用词，如“未被干扰的”“野生的”和“纯粹的”，都存在着深刻的哲学问题。有些人甚至说自然本身就存在着深刻的道德问题。

越来越多的人认识到，文字可以构建一个扭曲和不具代表性的现实图景。哲学家称之为“现实的社会建构”。无论外在世界的真实特征如何，人们都不可避免地通过特定的文化透视镜来看待这个世界。这些镜片总是给人们看到的东西蒙上一层色彩。基于此，一个人所说的话就像一面完美的镜子里的映像，永远无法与现实完全对应。这种关系非常模糊。通常，一个术语或一个概念既能指代世界，也能指代社会。想想“自由”这个词在美国人、法国人和中国人之间或细微、或明显的差别。

如果重要的术语和思想能被赋予文化含义，我们就应该问一下，像“原始自然”这样的概念，是否能准确地代表这个世界，或者它是不是一种扭曲的投影，产生于一种特定的心态，用来满足一种特定的需要。也许对于利奥波德来说，非常重要的“未被干扰的”或“原始自然”概念只是一种构建出来的东西，它满足了某些人的幻想，而对于其他人来说毫无意义。

越来越多反对利奥波德的观点认为，只有富裕的白人男性逃离了日益工业化的社会，并对早期生活抱有不切实际的幻想时才会落入陷阱，把自然世界的一部分看作“未被干扰的”或“野生的”。如果这个男性是移民文化中的一员，当他到达一个在他的文化观念中被标记为新世界的地方时，就尤其明显。

恰巧，利奥波德不仅是相对富裕的白人男性，而且还在“大加速”早期从事写作。“二战”后史无前例的经济扩张让人们越来越担心美国正在失去利奥波德的父母、祖父母以及他那一代人曾经定居的地方。

利奥波德对日趋严重的环境破坏的担忧当然是合理的，但他把这些担忧嫁接到“未被干扰的”“野生的”自然上的想法，似乎完全忽略了欧洲移民到来之前美洲原住民的存在。有一种令人信服的观点认为，利奥波德和他的追随者根本没有发现美洲原住民已经通过狩猎管理、早期定居、用火和农业改变了这片土地。这一切早在白人殖民新世界之前就已经存在了。一方面，欧洲移民已经习惯本土大陆上更为忙碌的景象，他们只是忽略了原住民的存在，把野生的和原始的自然作为环保主义的道德核心；另一方面，正如许多语言学家所说，原住民通常很少使用“荒野”这个词。这似乎是一个仅由殖民他们的人创造和使用的术语。

荒野这个概念是否由社会建构，这个问题在哲学和人类学上都非常有趣。对一些人来说，它将某种特定的环境思维与殖民主义和文化灭绝的黑暗历史联系起来。但是，对于很多观察家而言，无论原始自然中是否存在文化偏见，21 世纪初的状况意味着“未被干扰的”“野生的”自然——如果它曾经存在过的话——已经不复存在了。正如新时代的倡导者所看到的，人类移动了地球上的山脉，清除了大陆上的整片森林，在无数河流上建造水坝，在土地上建造特大城市。他们将成千上万的农作物和观赏性物种引入新环境，却将其他环境中的本土生物消灭，包括人类自己和其他生物。据估计，在地球上近 5 000 万平方英里的非冰覆陆地中，人类活动已经影响了 3 900 万平方英里。

即使是在为数不多的未被人类征服的地方，化学污染物也通过空气和水扩散至每一滴海水、每一寸岩石、每一抔土壤中。从阿拉斯加州的洞穴到蒙古国的草原，土壤中残留的化学物质无处不在。此外，温室气体会在此之上形成一个巨大的圈层，这意味着自然系统的温度比人类出现之前的温度高出 1℃甚至更多。

如果真是如此，那么原始荒野的概念是否由社会建构就无关紧要了。奥尔多 · 利奥波德倡导的环境保护观点现在已经完全过时。他关于保护荒野的主张已经成为过去。对许多当代思想家来说，他们需要一场全新的环境运动，而新的运动此刻正在崛起。

******

艾玛·马里斯是一位年轻的科学作家，她是这场重塑环境思维革命的主要倡导者之一。10多年来，她一直在《发现》《猎户座》和《自然》等刊物上发表文章并宣传这一新思想。从小在太平洋西北部长大的马里斯和她的哲学家丈夫一直致力于思考他们的两个孩子所成长的世界。在关于生态问题的汇报中，马里斯对故事背后起作用的大环境和科学细节一样感兴趣。她于2011年出版的著作《喧闹的花园：在人类统领的世界里保护自然》把她推到数十年来最激烈的自然保护辩论的风口浪尖。她声称，老式的利奥波德思想不仅片面，而且阻碍了良好的环境思维的形成。

马里斯为人友善，风趣迷人。她是一位坚定的倡导者，以灵敏的反应和热情论证着自己的观点，帮助环境运动转型升级。马里斯经常与保守派环境思想家针锋相对，如比她年长50岁的普利策奖得主爱德华·威尔逊，一位世界著名的生物多样性专家。在与马里斯的一次辩论中，被激怒的威尔逊不赞成她的环保主义新主张，对她大发雷霆："你要把挥着的白旗插在哪里？”马里斯拒绝接受殖民前的原始遗迹都需要保护的观点，她用朋友约瑟夫·马斯卡罗的话回应威尔逊：“我来这里是为了自然，不是为了 1491 年。”[3]

根据马里斯的说法，我们不仅生活在一个后荒野时代，更生活在一个越来越被人类选择且左右的世界。保护自然“特别高的古生物学上的价值”这种浪漫的利奥波德式理想既无用又过时。马里斯声称，即使是像美国黄石国家公园这样的地方，也已经受到公园管理者的严格监管；在某些方面，“底特律的某片空地都比黄石公园更原始”[4]。卢旺达仅存的山地大猩猩群随时都有武装警卫尾随，以阻止任何可能的偷猎行为。简单地让自然保持其野性不再是一种选择。利奥波德倡导的保护自然的传统做法注定会耗费精力，最终徒劳无果。在一个由人类造成全球范围内的变化的时代，他的崇高建议——人类应该努力“作为生物共同体中的一位公民”——是有缺陷的。任何改变了整个地球的物种都不可能成为一名“普通的公民”。

这场注定失败的战役令威尔逊等人非常震惊，但是真正让威尔逊的支持者感到窒息的是马里斯这样的新环保主义者下一步采取的行动。他们提出，如果自然被毁灭了，那么环境保护论就应该更多地关注塑造自然而不是保护自然。政府不应该再置自然于不顾，而是要保护它免受人类进一步的侵蚀。现在说这些为时已晚。为了我们自己，也为了在后自然时代与我们共享地球的物种，人类应该走进自然，主动保护。环保主义者不应该退出自然世界，只试图保护原始荒野的少数遗迹。他们应该利用它来创造最需要的东西，不管是更多的食物、更好的生态系统服务，还是为了娱乐和放松而开发的空间。这意味着我们要有意地重新构建生态系统，以便它们更好地为我们服务。马里斯断言：“不管我们承认与否，我们已经在运营着整个地球。要想清醒而高效地管理它，我们必须承认并接受自己的角色。”[5]

在这场争辩中，支持利奥波德和威尔逊的人一直持怀疑态度，而马里斯阵营的人个个斗志昂扬。在这个新时代，人类与环境关系的重新设定不应该成为悲伤的理由。恰恰相反，它应该被视为创造无限新机遇的来源。马里斯表示，我们应该为人类需求得以满足的这种可能性感到兴奋，同时它还能创造一个生机勃勃的自然。

一个注重人为管理的环境所带来的新曙光，是现代生态理念的决定性特征之一，而这种现代生态理念正在取代利奥波德的思想。《人类世历险记》的作者盖亚尼·文斯说，我们需要毫无顾虑地把环境保护主义重置于传统的自然价值之外的东西上。“怀旧，”文斯说，“是一种毫无意义的情感。”我们创造的后自然环境不会是原始的或未被触及的，但它们会保留“自然世界”的珍贵品质，只是这次将是自然 2.0 版本。

马里兰大学的地理学家厄尔·埃利斯也像马里斯和文斯一样乐观，他表示现在的环境政策需要“超越对违反自然边界的恐惧和回归田园或原始时代的留恋”。埃利斯赞同保罗·克鲁岑的观点，他别无选择，只能接受这样一个现实：我们现在是“这个星球的工程师和管理者，这个星球被人类赖以生存的人工生态系统改变”。他热情地倡议，我们必须迎接这一挑战，并把我们的时代看作“一个充满人造机遇的新时代的开始”[6]。正如许多拥护新时代理念的人指出的那样，这是一条不归路。我们要向前看，把握未来，把未来变成我们最想要的。马里斯和她的盟友认为，这样的想法给我们带来了一些“人类时代的希望”。

******

对于环保运动来说，这是一种令人兴奋的根本性改变。在后自然世界，这是一种全新的环境思维——自然被终结，保护主义被摒弃，梭罗、穆勒和利奥波德的思想被彻底消灭。很明显，重大的事情正在发生。如果这一切都是真的，那么长期存在的环境信条——保护大自然免受人类的破坏，就因变得不合时宜而被否决。人类应该适应自己作为后自然世界里激进的变革者的新角色。

但此刻我们需要暂停一下。如果说利奥波德关于野生和原始自然价值的环境思维可以归咎于文化盲区造成的扭曲，那么我们可以指出，在这股推翻旧环境秩序的浪潮中也存在同样的力量。一般来说，欧洲人比北美人更习惯于受控环境的概念。除了少数明显的例外，如阿尔卑斯山的部分地区、伊比利亚半岛和斯堪的纳维亚半岛的部分地区，亿万欧洲人居住在这片土地上，原始自然向人文景观转化的历史要比在所谓的“新世界”里悠久得多。欧洲人并不像马里斯、埃利斯和其他倡导新的“培育”方法的环保主义者那样，认为整个大自然已经受到了影响。

尽管承认了人类的影响程度，许多欧洲人（甚至在道德上）仍然坚定地认同自然世界的重要性。人们也毫不动摇地相信那些掠食性物种的道德意义，它们仍然隐秘地生活在拥挤的人群中。这意味着人们对狼、熊和豺狼等富有传奇色彩的动物重新燃起了兴趣，这些动物的数量在欧洲部分地区开始大幅回升。人们仍在继续努力拯救和保护自然中极具价值的成员。

实际上，欧洲人不断迁出他们以前耕种的土地。随着人口结构的变化，让某些地区重归荒野的想法越来越受欢迎。即使是在英国这样高度工业化的国家，恢复猞猁和狼等野生动物种群的提议也获得了大量的支持者。海狸、野猪和白尾鹰已得以恢复。跨过英吉利海峡，德国正在努力完成一个目标，即在2%的德国领土上，“大自然母亲能够再次按照自身的规律发展”[7]。在过去的20年里，德国狼的数量从零增加到250多只。当德国的两个邻国——比利时和荷兰集中管理的农田上再现狼的身影后，人们开始着力解决如何与大型食肉动物共存的问题。尽管人口众多，“自然”和“荒野”的概念仍然是欧洲人十分关注的问题。

一部分北美人提出，随着世界正进入一个新的时代，环境思维的基本方向应该转向增加管理。这对于许多欧洲人来说是很难接受的。环境思维盛行于后自然或后荒野时代这一想法听起来同样怪诞。欧洲人可以接受周围的非自然景观，但他们仍旧崇尚自然，认为它是独立于文化领域的重要存在。欧洲人也舍得投入大量时间和金钱，来改善现存的自然环境。

如果将欧洲的这些趋势作为参考，那么利奥波德关于自然的道德和文化意义的观点可能就不会消亡。在大多数情况下，自然不受人类影响而运行的理念仍然具有很高的价值。原始的大自然也许还有能力抵抗“塑新世”的侵袭。

******

有了这些关于自然消亡的相互矛盾的说法，当我们发现一个来自旧世界国家的人试图在利奥波德和马里斯的分歧之间穿针引线以描绘自然的愿景时，也就不足为奇了。英国记者弗雷德·皮尔斯为环保主义者提供了一个新的方向，即认识到人类在全球范围内造成的影响，但仍然能够保留大自然的生动、惊奇和野性。皮尔斯列举了世界各地受到严重影响的生态系统的例子，让人们重新思考环保主义者到底应该保护什么。他果断地摒弃利奥波德的观点，同时也对世界已进入后荒野时代的观点表示否定。皮尔斯提出了一个新概念，即“新荒野”。

作为一个吸取了教训的欧洲人，皮尔斯坚决反对只包括本地物种的原始生态系统才是环境思维的精髓的观点。几千年来，人类一直在引入物种并塑造景观。尽管人们已经从根本上改变了周边环境，但皮尔斯坚持认为这些并不能影响大自然继续保持其独立且充满生机的属性。

为了维持当代这种自然观念，皮尔斯要求人们重新思考传统环保主义者对非本土和入侵物种的普遍反感。他认为，生硬地宣称本土物种好、非土地物种不好都是无济于事的。皮尔斯认为此类断言在生态学上也是不成立的。生态系统一直都是本土物种和新来物种的混杂，得益于某些物种退出生态圈，一些新物种扮演着重要的生态角色。例如，夏威夷的非本土鸟类帮助岛上的树木传播了大部分种子；入侵英国的土耳其栎带来了一种黄蜂，它那美味的幼虫是濒临灭绝的蓝山雀的重要食物；在印度尼西亚，现存的红毛猩猩中有四分之三生活在种植园里，而非原始森林中。皮尔斯说新入侵者的到来引发生态角色不断转换，这不仅是人类时代的现象，也是大自然一直以来的运作方式。在水面漂浮的原木上，在空中的气流、鸟类的消化道和犬科动物的皮毛中，机会物种不断游走，以寻找更好的生存环境。

皮尔斯表示，对外来物种的偏见就如同许多国家对移民的偏见一样，二者有很多相似之处。他认为纳粹关于优生学的观点是对达尔文主义的歪曲和误解，是一种对于非原住民的仇恨之情。尽管大多数人的看法与此相反，但生存下来的不一定是最合适的，而是机会主义的。皮尔斯举例说明了许多外来物种重要的生态作用，证明了人类对生态系统的影响也会带来益处。皮尔斯仔细调查某些外来物种的兴衰，发现它们在几十年间从“万人唾骂”变成了“生态助手”。皮尔斯发现外来物种常常被错误地当作替罪羊。它们一直受到诋毁，一直为污染和栖息地遭到破坏等主要由人类的不当行为引起的问题背锅。

20世纪90年代早期的地中海就有一个典型的替罪羊案例。当时，为了美化水族馆，当地从印度洋引进杉叶蕨藻。然而这种藻类不慎流出并迅速在法国、意大利的里维埃拉地区繁殖起来。没过不久，这类海藻就扼杀了当地的海草，破坏了大量海洋生物的重要产卵地。恐慌随之而来，这种藻类被打上公敌的烙印。戴着通气管的志愿者试图徒手拔掉这些藻类，但收效甚微。

然而，大部分杉叶蕨藻在30年后都消失了。只要从海滨度假胜地流入地中海的城市污染物被清理干净，藻类就开始消失，海洋生态系统的健康状况也迅速恢复。换句话说，问题不在于新来的物种，而在于人。甚至在海藻出现之前，海草就已经因污染而死亡。让攻击藻类的人更加难以接受的事实是，这种蕨藻使那些因城市径流而变得贫瘠的礁石恢复了生机，从而为某些本土物种提供了重要的临时栖息地。入侵物种藻类在为本地蛤蜊和扇贝提供繁殖栖息地的同时也减轻了污染。正如皮尔斯所说，入侵物种并不总是像人们想象的那样带来灾难性的后果，它们往往会带给人们未曾发现的好处。

皮尔斯还讲述了另外一个歧视外来物种的故事，这个物种在北美五大湖地区“臭名昭著”。20 世纪 80 年代，一艘从里海驶来的货船意外地将斑马贝引入伊利湖，导致其大量繁殖，一场敌对外来物种的战争随即打响。这种带有条纹的入侵者来自苏联，在里根时代，这一事实使它的到来更加不受欢迎。该湖甚至发布了整个湖区生态系统面临崩溃的可怕警告。

但是皮尔斯发现，斑马贝竟然是“伊利湖有史以来最好的清洁工”。它们在一个其他生物几乎无法生存的高度污染的生态系统中安定下来。它们过滤了水中大量的污染物，为濒临灭绝的湖鲟、小口鲈鱼和数千只躲避湖水污染的迁徙鸭提供了可靠的食物来源。没错，斑马贝堵塞了管道，给被迫处理它们的社区造成了高昂的经济成本。它们还与当地的虾和蛤蜊竞争，但人们低估了它们所带来的巨大的经济效益和生态效益。皮尔斯指出，出于某种奇怪的原因，归咎于外来物种似乎总是比诚实地审视我们自己的失败更容易。

为了让观点更加清晰有力，皮尔斯指出外来物种并非只是偶尔具有生态价值。它们有时大受欢迎，被当作受人崇拜的生态英雄。美国的 12 个州（包括内布拉斯加州和新泽西州）已经将非本土的欧洲蜜蜂指定为官方认可的主要昆虫。

这些外来物种受到人们的喜爱，部分原因在于它们现在承担着美国境内 80% 的植物授粉工作。除了那些生活在野外的蜜蜂，数千万的欧洲蜜蜂被装在成千上万个流动蜂箱里，在精心安排下通过卡车迁移并运往美国各地。它们的踪迹遍布加利福尼亚州到新英格兰地区，在主要农作物开花时为植物授粉。这些重要的经济植物包括苹果、黑莓、蓝莓、甜瓜、樱桃、三叶草、蔓越莓、黄瓜、茄子、葡萄、青豆、秋葵、桃子、梨、胡椒、柿子、李子、南瓜、覆盆子、大豆、南瓜、草莓和西瓜。这些“乐于助人”的外来者通过其免费劳动力支持了美国大部分的农业经济。例如，美国的杏仁产业就完全依赖外来蜜蜂。仅在加利福尼亚州，这个产业就提供了 104 000 个工作岗位，为该州经济创造了超过 110 亿美元的价值。

皮尔斯指出，即使没有带来不容置疑的生态效益和经济利益，还有更实际的论据来支持非本土生物，这符合当今生态圈的特点。现在，几乎每一寸土地上都存在着大量的外来物种，这表明该趋势已经不可逆转。旧金山湾区 35% 的物种和佛罗里达大沼泽地 25% 的物种均为非本土物种。澳大利亚的骆驼比沙特阿拉伯的还要多。在夏威夷这样的岛屿上，非本土物种占当地动植物群的一半以上。逐一消除它们是不可能的，而且尚不清楚剩下的物种会不会以可取的方式发挥作用。

在农业领域，外来物种的出现更加引人注目。在全球范围内，非本土物种大约占全球粮食作物的 70%。在美国，这一数字上升到 90%。在澳大利亚和新西兰等国家，这一数字接近 100%。一般来讲，引进的家畜（羊、牛、猪）占大多数。目前，地球陆地生物量的 95% 是由人类和驯化的农用牲畜构成的。遍布世界各地的农场和集中的动物饲养作业使外来物种能够在这里生存下来。从目前来看，持续的全球性物种交换不太可能在短期内结束。每时每刻都有 7 000 ~ 10 000 个物种搭乘世界各地的货船前往新的目的地。生物学家介绍了动植物的国际迁徙如何有效地重建了泛大陆，这片单一的超级大陆直到约 2 亿年前才出现，对于这片大陆来说，阻挡迁徙的海洋屏障是不存在的。如今，谈到外来物种入侵，关上畜棚的门已是无力回天，外地引入的马早已脱缰。

人类对自然的影响巨大且真实，但是像马里斯和其他拥护人类参与生态圈的人一样，皮尔斯坚持认为这不是什么缺点。入侵的物种总能推动自然向前发展。皮尔斯记录道，即使是废弃的工业用地，也可以成为维护生物多样性的全新场所。他满腔热血地说，燃煤发电厂的矿渣堆是“生物多样性的绿洲”，而在泰晤士河口的一个废弃场所里堆的灰烬，则是兰花和无脊椎物种的“宝库”。对于皮尔斯来说，外来引进物种是维持生物多样性和生态系统平稳运行的关键。

皮尔斯倡导的“新荒野”概念，与保护自然遗迹并使其尽可能保持原始状态几乎没有关系。它允许，有时甚至是推动生态变化。到全新世末期，地球上的大部分生态系统将会完全更新。这个生态学的艺术新名词指的是任何深受人类影响的生态系统都会包含以前从未出现过的物种，并且不会轻易摆脱这种新状态。

对环保主义者来说，一种全新的观点是，我们没必要根除人类的影响。皮尔斯坚持认为健康的生态过程由产生新型生态系统的机会主义驱动，这种机会主义是在人为干扰的背景下形成的。皮尔斯甚至私下里说，对新荒野的积极描述可能会影响我们对气候变化的看法。随着气温的升高，一场进化活动一触即发。物种在迁移，在杂交，在生成全新的生存策略。对于皮尔斯来说，这种创新并不值得惋惜，反而是大自然在最佳状态下运行的例证：新的生态系统正是新荒野最需要的东西。

皮尔斯对新荒野的表述意义重大，因为它说明了人类如何与自然互动，它或多或少地颠覆了传统的环境思维。当你放弃以历史上某种最有利的状态保护生态系统、维持自然原貌的目标，并接受不断变化的现实后，你将会迎来很多全新的景观管理模式。在这些模式中，皮尔斯的“新荒野”设想和马里斯的“后荒野”概念存在相似之处。

如果一个生态系统中引入的物种并不会带来危害，那么生态系统中物种组成的“重新洗牌”可能不像环保主义者传统认为的那样不可接受。为了保护一些珍贵的物种，我们不应该建造篱笆，把其他物种挡在外面，从而试图保护过去某种固定的秩序。我们应该通过迁移和交换物种的方式来主动干预自然秩序，以便富有智慧地、有意地重新构建生态系统。砍伐或种植、引入或杂交、恢复或改造我们周围的土地，都不是什么令人羞愧的事。

换句话说，自然反而需要大量的人为操作，以便在新时代得以幸存。用马里斯的话说，我们必须开始认真地“培育”我们周围的世界。这不仅意味着要培育我们生产食物和饲养动物的城镇附近的耕地，而且意味着我们要把所有事物都打理好。现在整个大自然都是我们的农场。

******

在许多原住民部落的信仰体系中，有一项基本教义是我们出生在一个由我们之外的力量所创造的宇宙中。造物主的故事是为了将起源推向一种巨大的、具有精神意义的力量。受这些故事的影响，人们习惯性地因环境的神圣起源而对其表示尊重。尽管这种尊重可以用许多不同的方式表现出来，但周围世界的神圣起源限制了人类对待它的方式。

即使是那些不认同任何关于地球起源的神圣解释的人，也常常会惊叹于物理和化学力量如何在人类到来的几十亿年前就创造了这个世界。古生物学家和进化生物学家斯蒂芬·杰·古尔德以他特有的方式，描述了智人到来之前那段漫长的时期：

“假如用古老的英制单位‘码’衡量地球的历史，从国王的鼻子到他伸出手臂后手指尖的距离大约是一码。用指甲锉在中指上轻轻一锉，人类历史就被锉掉了。”[8] 国王伸出的手臂代表了一段很长的时间，这段时间里沧海桑田，风云变幻，而这一切都是完全独立于人类的干预而发生的。这就是利奥波德在赞美鹤时提到的“特别高的古生物学上的价值”。许多环保主义者认为，自然界在这么长一段时间内的独立运行值得我们尊重。

如今，由马里斯和其他环保主义者提出的生态系统管理的新方法，代表了环境思维的根本转变。一位没有环保意识的阿拉斯加州前州长在为自己提出的射杀狼计划辩护时被众人嘲笑。他说：“你知道，你不能放任自然野蛮生长。”如今，新一代环保人士对这位州长的辩护进行了更新升级，提出新的论调。对他们来说，人类不能对大自然不管不问，人类需要塑造大自然。就像合成生物学一样，自然不需要因循历史延续下来，而应该沿着更好的路线被重建。人造时代为人类提供了一个可以极大地改善他们继承的生物世界和生态世界的机会。

在这个新时代，自然保护有了全新的意义。这种思维转变了自然保护的方向，动摇了奥尔多·利奥波德的荒野保护论。

第6章

物种迁移及物种复活

当大自然自身和谐性的旧观念被抛弃时，一扇大门就会为更具干涉主义色彩的环保理念打开。人类已经参与随意塑造自然的过程。他们也许会在行动中变得更加深思熟虑、谨小慎微。保罗·克鲁岑认为，大自然是什么样子，应该成为什么样子，这是由人类决定的。显然，一些生态学家很乐于接受这种观点。

随着人类活动对气候变化的影响越来越显著，人们逐渐清楚地认识到，许多物种如果仍停留在它们过去的地理活动范围内，就会被高温煮熟。例如在英国，划分年平均温度的界线正在以每年约 3 英里的速度向北移动。对于一些正在承受气候变化压力的生物来说，迁移到气候更合适的地方相对来说不是难事。那些有翅膀、腿部肌肉发达或是有相当灵活多变的饮食结构的生物，如喜鹊或狐狸，可以毫不费力地每年向北移动几英里。但是，若是孤零零地生长在山坡上的植物，抑或行动缓慢的生物，可能就无法按照要求的速度实现迁移了。例如，大多数树木无法通过散播种子每年向北移动超过 100 英尺。蚯蚓的处境更糟。在某些情况下，这类腐殖质爱好者据说会以每世纪约 1 英里的速度扩大其活动范围。像这样的物种将无法逃脱气候变化的影响。

受新环保主义理论的启发，生物学家越发建议应该向挣扎中的物种伸出援助之手。如果正如弗雷德·皮尔斯记载的那样，物种的分布已经在很大程度上受到人类的干预，并且人们在道德和生态层面上能够接受这一点，那么主动将脆弱的物种迁移到更适合它们生存的地方可能就不是什么大事了。辅助迁移——考虑到“移民”这个词日渐带有政治色彩，一些倡导者将其重新命名为“管控式迁移”——是一种应对气候变化的新方法，这一新理念对传统的环保主义者造成了不小的冲击。[1]

******

约克大学生物学家克里斯·托马斯身上散发着独有的气质，这种气质有时与他研究的昆虫相似。他身材瘦削，戴着一副金属框架眼镜，头发几乎掉光了。一谈到蝴蝶，托马斯就两眼放光。像许多成功的学者一样，他对自己研究的主题充满了热情。托马斯不久前当选为英国皇家学会会员，他的研究兴趣主要围绕气候变化影响下的生态和进化反应，包括栖息地破碎化和物种入侵。他特别关注气候变暖对鸟类、植物和昆虫的影响，并已开始尝试制定拯救它们的策略。

但是，可不要轻易和托马斯在明媚的夏日午后闲谈起来。可能刚聊到一半，他的眼睛就开始追着一只飞过的鳞翅目昆虫，随着昆虫在天空中飞来飞去而摇摆脑袋。不久，你就会意识到他已经不再听你说话了。这时你会四处张望，试图找到引起他注意的昆虫。要是你提供半点线索，托马斯就会起身离开，像蝗虫一般张开双臂在野外飞奔着寻找采石场，一旦找到，他随即弯下身子，摘掉眼镜，开始仔细研究吸引他的注意力的生物。

几年前，托马斯就开始和他的两位同事简·希尔和史蒂文·威利斯进行最早的管控式迁移实验。[2] 考虑到气候变化对当地两种蝴蝶——大理石条纹粉蝶和小弄蝶的影响，研究小组决定另辟蹊径。他们将每个品种各 500 只蝴蝶放入箱子，塞进后备厢，开车上高速，一路向北。

你可能会觉得如果原生地的温度不断升高，蝴蝶完全可以摆脱束缚飞走，但情况并非总是如此。迁移面临很多障碍，例如大片的城市腹地或栖息地中的食物链被打破，这些都会阻挠迁移的进展。有些蝴蝶也很“宅”，它们并不喜欢旅行。以上种种原因使这两种鳞翅目昆虫不可能靠自己的力量抵御不断上升的气温。

沿着英格兰东北部的A1高速公路短暂行驶后，这些蝴蝶被放生到希尔、威利斯和托马斯认为适合栖息的两个采石场中。采石场基本上是废弃的工业场所，所以不必担心这些“移民”会破坏当地的自然秩序。当地的环保专家扮演顾问角色，若是蝴蝶离开栖息地向南飞走，它们就会被捕回，再次被放归同一个采石场，之后就任由其自行生存。

研究表明，在迁移后的10年里，这两个物种不仅在它们北方的家园生存了下来，而且数量增长，范围扩散。管控式迁移不仅奏效，而且效果很好。它便宜，看起来无害还有效。

在托马斯看来，这个小小的实验表明管控式迁移有希望成为一种保护工具来降低气候变化对迁移缓慢的物种的影响。托马斯认为如果这种方法适用于蝴蝶，那么它也适用于其他物种。它给受到气候变化威胁的物种带来了希望，为它们提供了生存所需的帮助。托马斯还认为，这也是气候智能型保护的一种。

不幸的是，研究人员发现蝴蝶在新栖息地的扩散速度虽然与其他种类蝴蝶的扩散速度相近，却远低于英国温度线向北移动的速度。一方面，缓慢的扩散意味着蝴蝶不会像瘟疫一样传播，对它们的新家造成威胁；另一方面，这也表明如果要跟上气候变化的步伐，蝴蝶和类似的物种可能需要在未来几十年多次迁徙。干预将成为常态。

******

即使它对某些物种奏效，许多生物学家和环境保护主义者仍对管控式迁移的想法深感不安。他们想弄清楚如何知道一个被迁移的物种能成功地适应它的新家？如何确定引入的新物种不会造成生态浩劫？动物园外面的动物被称为“野生动物”是有原因的。

一些被迁移的物种，包括大雾山国家公园的红狼和最初被引入科罗拉多州的几只加拿大猞猁，在被放归专家认为非常合适的栖息地后惨遭饿死。当然还有其他例子。为了纪念莎士比亚《亨利四世》中提及的欧椋鸟，在19世纪90年代，纽约中央公园放生多只欧椋鸟，它们后期得以生存下来。现如今欧椋鸟遍布整个大陆，数量超过2亿只，很可能是北美数量最多的鸟类。

辅助迁移对这些重归自然的动物的未来和周围生态都带来了风险。反对非本地物种的人士表示，这是在玩一场“生态轮盘赌”。这究竟反映了对皮尔斯所记载的迁移物种的偏见，还是反映了刻意重组物种的做法所固有的风险，仍存在争议。但是当物种被迁移到全新的栖息地后会发生什么，仍然存在潜在的不可预测性。

更深层次的哲学问题随即出现。迁入新家的大理石条纹粉蝶还具有利奥波德说的跨越亿万年所获得的“特别高的古生物学上的价值”吗？当然，一只被辅助迁移的大理石条纹粉蝶可不是靠自己的力量前往新目的地的。它们“坐着”克里斯·托马斯的福特嘉年华，沿着 A1 高速一路北上。你可能会认为这种人为的干预在某种程度上打破了生态完整性，这取决于你是否坚信在人类开始有意“重组”自然之后，自然仍然是原来的那个“自然”。

辅助迁移的干预程度超越了人类历史上发生的偶然性的大规模物种重置，也超越了人类出于愉悦或经济目的而迁移物种的范畴。它开启一种新的实践，这种物种迁移表面上是为了物种自身的利益，而这些利益却是由仁慈而博学的野生动物学家决定的。无论这些动物学家的出发点多么好，知识多么渊博，这些最终都将变成关于哪些物种应该被转移的文化选择。管控式迁移意味着在特定生态系统中的物种组成是由人类而不是由自然决定的。

对许多人来说，这违背了他们对自然的基本理解。一位环境哲学家曾提出，依赖人类来选择自然相当于“仿造自然”。[3]他质疑由人类挑选的物种所组成的生态系统也算作自然生态系统。正如比尔·麦吉本指出的那样，大自然的独立性具有至关重要的意义。

如果把一个全新的物种引入毫无戒备的生态系统听起来属于干涉过度，那么另一种管控式迁移方式就比较谨慎了。与克里斯·托马斯处理500只大理石条纹粉蝶的做法相比，这种方式更为低调，它将某个经过特别挑选的、具备价值的物种引入一个受损的生态系统中。

白皮松是生活在北美高海拔山区的树种。由于气候变化，疱锈病和树皮甲虫对松树的威胁越来越大。如今，高海拔山区上散落着上千棵古老的白皮松枯骸，而那些树龄较轻的松树早在到达繁殖年龄之前就已死于病虫害。

白皮松不仅是一种美丽而坚韧的树木，它还在落基山脉的生态系统中扮演着关键的角色。数千年来，当地的物种和独特的环境共同进化。在当地，松果是靠一种类似松鸦、名叫北美星鸦的鸟类传播的。不过早在北美星鸦采食种子前，灰熊就已经吞掉了这些高能量的种子。高山地区还有许多对春季融雪速度敏感的物种，从艰难觅食的狼獾到脆弱的苔藓，它们的命运与松树紧紧地交织在一起。人们认为，早秋白皮松种子的减少迫使熊到不同的地方觅食，这一过程增加了它们撞上人类的可能性。由于没有松树提供荫凉，春季积雪消退得更快，当地河流干涸得也更快，从而导致一系列连锁反应。

火山口湖国家公园植物学家珍妮弗·贝克不愿让这些松树因气候变化而灭绝，她组织移植了公园里某种更具抗病能力的白皮松幼苗。这些具有遗传优势的白皮松在测试了抗病能力后，被运往一个外地苗圃种植数年，然后被带回火山口湖国家公园，和它们病恹恹的表亲种在一起。贝克希望这种移植能给高海拔地区带来更多生机。

这种干涉主义策略并没有将整个物种转移到一个全新的地点。被移植的白皮松只是现有物种的基因变异。然而，这个过程仍然需要大量的干预。这意味着人类正在做出决定，随着时间的推移，这些决定将塑造自然生态系统的遗传组合。这是大自然的基因改造，人类希望改造后的自然能更好地运转。这是一种真正的物种间的利他行为。它不是为了人类自身经济利益，而是对于松树来说最好的选择。然而，在没有任何人帮助的情况下，一个自我构建的系统现在正被人类园丁重新构建。大自然不再独立于人类而存在。

类似的策略（如辅助进化或促进适应）正在塞舌尔群岛进行，当地在繁育一种耐热珊瑚，使其能更好地在更高的海洋温度下生存。如果这些珊瑚群繁育成功，它们将被移植到因气候变化而数量锐减的珊瑚礁石上。美国东北部正在培育一种栗子树，它能够抵抗 20 世纪早期摧毁了新英格兰茂密森林的枯萎病。如果时间充足，珊瑚、白皮松或栗子树很可能已经进化出抵御伤害性环境的能力。但是随着气候的迅速变化，对于许多物种来说，时间都非常紧迫。因此，人类决定进行必要的干预。如此看来，进化和生态系统过程不再完全独立于人类。

利奥波德派环保主义者对这种干预持怀疑态度。在华盛顿当地的森林公园里，他们禁止在荒野区域进行树木移植。他们认为，对荒野而言，即使干预措施是为了拯救标志性物种，土地也应该是完全自我调节的。对那些仍然深深信奉熟悉的自然概念的荒野倡导者来说，让自然独立于人类的操纵，比抢救任何一个濒危物种都更为重要。不过，这其中也有风险。他们认为有意对生态系统进行调整，不仅会破坏其固有的野性，还必然会导致意想不到的后果。生物特性包含了太多的未知，而我们的科学又不够精确。我们的干预过于笨拙。

在某些情况下，他们可能是对的。人类在预测将物种移出原生地的后果时，就有过一次不良记录。美国南部的野葛、澳大利亚的欧洲兔和非洲维多利亚湖的水葫芦并不能很好地适应当地的生态系统，通常必须采取预料之外且代价高昂的措施来降低伤害。[4]

珍妮弗·贝克和火山口湖国家公园的同事早已发现自己的参与度比预想的要高很多。为了给白皮松幼苗生存的机会，他们不得不闯入森林中，“扼杀”那些正在侵占山体的铁杉树。他们砍掉了铁杉树一整层树皮，以破坏其运送营养的能力。这完全是杀死一个本地物种来拯救另一个移入物种。人类越卷入其中，环境伦理道德似乎就越扭曲。

当环境伦理学家思考辅助迁移和辅助进化的道德问题时，商业界并没有袖手旁观。影响进化的新技术正以惊人的速度取得突破。珍妮弗·贝克在山坡上寻找抗病的白皮松品种，然后在苗圃中进行培育的策略开始显得有些过时。

******

“CRISPR”是成簇的规律间隔的短回文重复序列的缩写。它是细菌对抗有害病毒的防御系统的一部分。在之前的病毒性感染中存活下来的细菌，可以将“敌人”的 DNA 短序列作为一种“生化记忆”储存起来。当敌人再次入侵时，细菌能够识别它，与 DNA 中危险的部分绑定，再将其切断。这使入侵者变得无害。细菌还可以用不同的、更理想的基因序列，来替代被切断的基因组片段。

20 世纪 90 年代末，日本、荷兰和西班牙的科学家几乎同时发现了这种细菌机制。经过 10 年研究，一位名叫维尔吉尼尤斯·希克什尼斯的立陶宛研究者证明了这种基因编辑机制可以应用到其他细菌上。2013 年，哈佛大学和麻省理工学院的研究人员攻克了将这一发现应用于更复杂生物体的基因组（而不仅是细菌）的难题。这使在植物、昆虫甚至哺乳动物身上使用这种高效的基因编辑技术成为可能。[5] CRISPR 技术意味着基因组可以在精确的位置被切割，被选择来执行有用功能的基因序列可以取代被切割的部分。例如，一种农作物可以通过编辑其基因组来抵抗枯萎病。这项技术可以应用于已知的遗传疾病，去除有害 DNA。CRISPR 技术的改进不是旨在把基因取出来，而是允许基因被打开或关闭、被刺激或削弱，这样它们就能够以可控的方式来表达自己。

总而言之，这些发展意味着珍妮弗·贝克可能要结束不得不攀爬陡峭的山坡以寻找能抵抗病虫害的白皮松的日子了。只要发现了一种（或一组）能使松树抵抗疱锈病的基因，CRISPR技术就能够将这些有价值的基因植入松树的种系，从而在实验室条件下培育出一棵更好的树苗。人们不必再花费大量的时间辛苦地实地考察，把装满松果的麻袋拖回实验室。研究人员可以不出门，利用基因编程技术来操纵实验室里的松树。

精确的基因编辑带来的巨大飞跃使通过基因修正技术拯救那些受困的生物成为可能。例如，可以将耐热基因插入高海拔山区在水温升高的溪流中苦苦挣扎的鳟鱼体内，或者可以将博物馆和冷藏库中的标本基因插入由于长期近亲繁殖而濒临绝种的黑足鼬体内，以增加其遗传多样性。它们的基因通过编辑还可以抵御威胁自身及其猎物——草原土拨鼠——的森林鼠疫。有蜂群崩坏症的蜜蜂的基因，可以通过添加某些讲卫生的“干净”基因来加强，因为在蜂群中发现的这种基因已经被证实能成功地使蜂巢免受寄生虫的侵袭。有白鼻综合征的蝙蝠、有壶菌的两栖动物以及有面部肿瘤的袋獾，理论上都可以通过CRISPR技术插入有利基因。如此看来，保护主义者可能拥有一种帮助他们完成“圣诞愿望清单”的技术。

尽管基因编辑一次只能作用于一个基因组，但一种叫作“基因驱动”的新技术能够通过野生种群迅速传播编辑过的特征，以此来实现快速繁衍。基因驱动的一种方式是将预设了所需特性的 CRISPR 放入正在繁殖的生物体的生殖细胞中。如果一个被编辑过的生物体与一个缺少有益特征的个体交配，嵌入生殖细胞内的 CRISPR 技术将把替代特征编辑到缺少该特征的染色体中。新的个体从而拥有了存在于两条染色体上的有价值的特征，并能够将其传递给下一代，大大提高了原本 50% 的遗传概率。同样被传递的还有仍然有效的 CRISPR 编辑机制。编辑过程和有价值的基因将在野生种群中迅速传播，它将继续以几乎 100% 的概率传递所需基因。

CRISPR 技术和基因驱动技术第一次在农业和养殖领域之外促进了转基因操作的发展。人类有可能改变动物的基因组成，而这在实验室之外是无法完成的。野生生物繁殖得越快，基因驱动就能越快地让某种特征在野生种群中传播。大多数大型哺乳动物不适合基因驱动，因为它们需要很长时间才能达到繁殖年龄。昆虫则更有潜力。在一个具有强烈人道主义动机的项目中，科学家们试图弄清楚如何利用基因驱动技术，来使蚊子无法携带导致疟疾的寄生虫。基因驱动有望直接操纵野生自然。正如麻省理工学院一个致力于此类项目的实验室宣称的那样，人们即将迎来雕刻进化。

******

19 世纪英国政治哲学家约翰·斯图亚特·穆勒曾提出两种不同的看待“自然”的方式。一种假设地球上发生的一切都符合自然法则，换句话说，就是代指所有超自然以外的事情。按照这个定义，熊、瀑布、苗圃种植的白皮松幼苗、公园员工“杀死”的铁杉树和 CRISPR 技术改造的蚊子都是大自然的一部分，它们没有打破任何物理定律。

穆勒看待自然的另一种方式是，人类干预结果之外的一切都包含在自然之中。按照穆勒的“二分法”：人类及其所作所为要么是完全自然的，要么都是非自然的。这就意味着每一幢房子、每一辆汽车和每一个菜园都是非自然的，人造生物也是非自然的。根据这个定义，珍妮弗·贝克在火山口湖国家公园的活动和那些基因编辑科学家都是非自然的。穆勒的观点体现了对于人类的两种截然相反的态度。第一种是将他们完全置于自然之中，第二种则使他们完全脱离了自然。

克里斯·托马斯和珍妮弗·贝克或许并不在意约翰·斯图亚特·穆勒的观点，但如果他们都采纳了穆勒关于自然的第一种观点，肯定会有益于他们哲学立场的提升。在这种情况下，人为的干预——比如把一箱蝴蝶放在汽车里，把它们带往北方，或者在苗圃里种植抗疱锈病的白皮松，然后把它们运到山上——都不会对蝴蝶或松树的自然性产生负面影响。它们在自己的活动范围内是“自然”的，而且在人类协助它们迁移到新的活动范围后，它们仍然是“自然”的。

这个论点是有一定道理的。人类是自然选择的产物，为什么我们的行为要与自然界的其他部分不同？作为生物，我们只是在利用进化赐予我们的一些能力和天赋。这里并不包含非自然元素。尤其是当人类行为背后的动机是拯救一片濒临灭绝的自然而非开发或破坏它时，这就显得特别正确。

这种对自然性的全面解读听起来不错，但也伴随着一定的成本。这样的立场促使我们认为人类的任何行为都是自然的。砍伐树木，在森林里铺路呢？自然。往小溪里扔空啤酒罐？自然。制造有毒的废料堆？非常自然。导致地球温度升高和无数物种灭绝？哦，太自然了。穆勒提出的包罗万象的第一种观点，掠夺了我们谴责任何非自然的人类行为的能力，因为根据定义，人类的行为永远是自然的一部分。

比尔·麦吉本提出了相反的观点，他认为大自然的定义就是独立于人类的。自然世界的定义必须是未经人类修改的世界。当自然与人类的独立界线消失后，自然性也随之消失。

麦吉本的观点存在的问题是，由于当下人类对地球的影响如此广泛，第二种自然论似乎不再适用于地球上的任何事物。如今，随着人类肆无忌惮地排放汞或者温室气体，对原始自然的追求似乎是在浪费时间。显然，我们已经离开了全新世，现在我们需要讨论的是如何最好地使这个星球人性化，而不是执着于无人干扰的观念。艾玛·马里斯、弗雷德·皮尔斯和克里斯·托马斯等先驱提出的干涉主义思想都体现了这个观念，而利奥波德式渲染原始自然的价值开始越来越脱离现实。

人类可以赋予自身修补每一个生态系统的道德权威，这种观点激怒了爱德华·威尔逊这样的传统环保主义者。麦吉本呼吁人类克制自身，扪心自问，我们是否能够从自身找到一丝谦卑，不再干扰自然？被我们摧毁的东西还不够多吗？

但马里斯反驳道，将人类与自然完全对立，甚至人类轻微的触碰就会无法挽回地玷污自然，这本身就是一种傲慢，而不是谦卑的表现。作为从塑造自然世界的同一个进化过程中诞生的物种，马里斯认为人类根本没有什么不同或特别之处。在一个生态受到破坏的环境中，我们需要准备好干预那些我们想要拯救的物种。马里斯认为，如果我们袖手旁观，一切顺其自然，我们反而会“双手沾满鲜血”。蓄意安排的生态系统工程不仅具有实际意义，也符合道德要求。

马里斯承认，她有时对这种高度侵入性的哲学感到尴尬，因为这与一些强烈的直觉背道而驰：“我们通过把自己当作物种的妈妈或迁移向导这种方式，成功地将一些物种，如加州兀鹫和美洲鹤从灭绝的边缘拉回。如此切身的体会使我为它们失去的尊严和野性感到不安。”然而，她的想法发生了改变：“但后来我提醒自己，尊严之旅是由我定义的，与它们无关。它们只是想活下去。”[6]

如果我们关心那些受到气候变化或其他有害的人为影响威胁的物种，我们就需要做好准备，将生态系统整合在一起，以适应更多我们喜爱的生物。支持马里斯的人说，这是气候智能型保护方法的精髓。

如今，获得认可的环境管理思想包括增加而非减少人类对自然的干预，这种想法完全改变了环境保护的规则。随着“放手”不再是首选项，保护大自然不受人类影响，使大自然完全独立于人类，从而激发人类的敬畏之心，此类想法已变得毫无意义。我们只能咬紧牙关。

越来越多自诩为生态现代主义者的人认为，在新的领域审视自我是个不错的想法。在人类设计师精心打造的“新自然”中，将有足够大的敬畏空间。正如皮尔斯沉迷于“新荒野”时发现的那样，大自然仍然可以保持其独立性和创造性。但皮尔斯连一半的精髓都没有抓住。雄心勃勃的分子生物学家非常肯定，除了应对拯救现有物种的挑战，其他令人敬畏的事物也必将出现。这些生物学家计划复活灭绝的物种，过不了多久，我们可能会再次看到猛犸象。

******

某些干涉主义者持有极端立场，“去灭绝论者”或“灭绝逆转论者”认为，不仅有可能通过迁移物种来重组生态系统，也有可能重新创造灭绝的物种，从而恢复失去的生物多样性。事实证明，现代合成生物学用于构建基因组的技术，也可以用于重建灭绝动物的DNA。这些生物学家认为物种灭绝只是暂时的。

要完成此类的“拉撒路计划”，你需要的只是一个已灭绝的物种的DNA副本。一些近期灭绝的物种，如旅鸽和比利牛斯山羊，它们的组织碎片被有意保存下来以供科学研究。[7]

如果你足够幸运，手头上有完整的基因组，理论上你可以把整个基因组移植到一个已经去除DNA的近亲生物的卵细胞中。比利牛斯山羊的近亲可以是圈养山羊，猛犸象的近亲可以是印度象。这种被称为“体细胞核移植”的技术已经被研发出来，并成功地用于克隆绵羊、猫、鹿、牛、兔子、马和狗。从本质上说，借助于成熟的克隆技术，你可以用现有动物的卵子克隆出一个灭绝了的动物。

当植入DNA的卵细胞分裂几次后，就可以将其植入相应物种的子宫中，以便正常妊娠。如果由此孕育的胚胎在代孕母体内存活下来，那么就很有可能复活灭绝的物种。2003年，一只运用了此项技术的母山羊生出了一只“已经灭绝”的比利牛斯山羊。不幸的是，由于肺部存在严重缺陷，这只复活的山羊在母体外仅存活了10分钟。[8]

即使没有灭绝动物的完整基因组副本也没有关系。与猛犸象和洞熊等其他灭绝的哺乳动物一样，从永久冻土或洞穴深处的遗骸中可以提取大量的 DNA 碎片。进化生物学家通过仔细对比与之密切相关的现存物种的基因组，可以得出与灭绝动物的基因组非常接近的结果。尽管猛犸象含有 47 亿对碱基，但它的基因组蓝图已经完成测序。

由于鸟类和哺乳动物的整个基因组很长，比克莱格·文特尔攻克的酵母和细菌的基因组要长得多，合成这种基因组的最佳策略就变成从近亲开始，使用 CRISPR 技术，用“已灭绝动物”基因组的对等部位来取代“活体动物”基因组中最具决定性的部分。例如，你可以将具有弯曲象牙性状的猛犸象基因插入亚洲象基因中。随后你就可以继续插入猛犸象的长毛、驼峰及在寒冷气候中调节温度的基因。与正在进化的猛犸象基因组相比，亚洲象的基因组仍然占据主导地位，但是随着越来越多的编辑工作完成，亚洲象的基因组会越来越像它那已经灭绝的表亲的基因组。

鸟类面临另一个挑战，因为它们的胚胎发育是在坚硬的蛋壳包裹着的蛋黄中进行的，而蛋黄不断沿着输卵管向下移动。当自然胚胎只有几百个细胞那么大、被蛋黄包裹且不停运动时，用克隆胚胎来代替自然胚胎是非常困难的。对于旅鸽这样的灭绝鸟类，一种可行的替代方法是对在灭绝物种的生殖器官中发现的细胞 DNA 进行基因工程，然后将其注入现存物种的胚胎中。注入的细胞会自然地迁移到生殖腺并开始繁殖。这将促使现存鸟类的生殖腺能够大量繁殖灭绝鸟类的生殖细胞。

这样一种被改变的不同寻常的个体将成为嵌合体。就像古希腊神话中狮头山羊身的生物一样，这种嵌合的鸟类是两个物种的混合。它的大部分 DNA 来自现存物种，但它传递给下一代的 DNA 却源于灭绝物种。当其中的两个嵌合体繁殖时，它们会产出非常接近灭绝物种的下一代。总而言之，即使新生儿的父母是不同的物种，新生儿的整个基因组也都是已灭绝鸟类的。正如上一章描述的合成细菌一样，利用合成生物学复活灭绝物种将使人类改写达尔文的进化论。

无论是对哺乳动物使用全基因组转移法，还是对鸟类使用嵌合体法，得到的生物都不会是完美的灭绝物种，因为过程中还会受到其他因素的影响。例如，2003 年出生的复活野山羊并不是一只纯正的比利牛斯山羊。由于它是由另一个物种繁殖而来的，胚胎发育结合了灭绝动物基因组和代孕父母的因素。猛犸象胚胎很可能在母体印度象的子宫内就获得了一些非猛犸象的 DNA，这种现象被称为“微嵌合体”，它导致新生儿与猛犸象略有差别。

养育也会起到一定的混淆作用。猛犸象一出生，它的印度象父母就开始用印度象的方式抚养它。大象幼体将成为最奇怪的混合体，它们是两个物种的叠加。它的基因主要来源于灭绝物种，而它的出生环境属于另一个现存物种。新生儿会对这两种因素做出反应。

关于身份混淆的争论并没有困扰去灭绝论者。在这个人为引发的后利奥波德时代，人类对保护历史准确性和自然纯洁性的痴迷已经降低。作为去灭绝论最有力的倡导者之一，《全球概览》创始人、环保企业家斯图尔特·布兰德解释道："结果不会很完美……但已经足够完美了。自然也不会是完美无缺的。"[9]

之后，随着对灭绝动物基因组中最关键部分的了解更加深入，这些不完美个体的生殖细胞可以被系统地调整，从而使这个物种变得越来越像目标动物。传统的反向繁殖也有帮助。在这种方式中，具有理想性状的个体被有意地相互杂交。随着技术的进步和灭绝物种基因在未来几代进一步集中，一些逐渐灭绝的物种可以在此过程中被重新创造。布兰德指出，对猛犸象来说，一代大约是 20 年，这意味着要想让猛犸象避免被灭绝，研究人员需要付出一个世纪甚至更多的时间。但是，如果这种时间和资源的投资被认为是有价值的，那些在更新世末期巨型动物灭绝中消失的选定物种就能够有机会再次在栖息地漫步，在增加生物多样性的同时，稍稍减轻人类最初杀死它们时犯下的罪行。布兰德认为，去灭绝论可以作为我们对过往罪行的救赎。

无论这些技术本身的前景和时间跨度如何，关于去灭绝化的伦理问题已经引发了大量争论。正如野山羊的例子表明的那样，跨物种克隆总会带有遗传缺陷。随着技术难题被攻克，去灭绝化的尝试必定会给被创造的动物带来痛苦。它们也会给那些发现自己要抚养一个陌生的新生儿的代孕父母带来不愉快甚至是有害的经历。“大象在豢养环境中生存得并不好，”一本关于复活猛犸象技术的书的作者贝丝·夏匹罗说道，“它们不喜欢辅助生殖，我们应该让它们自己生出更多的大象。”[10]

此外，最初出生的几头猛犸象可能是人们能想象到的最孤独的生物，它们与同类隔离了数千年。从更同情动物的视角看，断开哺乳动物受精卵中的基因组，代之以在实验室中创造的东西，看起来并不像是拯救物种，更像是一种基因掠夺，令人感到不快。

生态学家还担心，把一个消失的物种放回一个可能不再维持它们的生态系统中，就像掷骰子般充满不确定性。这与萦绕在辅助迁移实践中的所谓“生态轮盘赌”的担忧相似。谁知道灭绝物种的重新引入会带来怎样的生态后果呢？比利牛斯山羊或许能够适应它离开不久的生态系统，但洞熊和猛犸象的情况则不同。本质上它们现在都属于外来物种，所处的环境已经与过去的情况发生了实质性的变化，尤其是受到人类造成的气候变化的影响。

为了避免栖息地出现问题，俄罗斯生态学家谢尔盖·齐莫夫已经在西伯利亚为猛犸象的回归准备了一个“更新世公园”。齐莫夫在长满青苔和草木丛生的冻土地带放养了麝牛、驯鹿及雅库蒂安马等食草动物，希望能把这里变成草原。这是猛犸象曾经生存过并且不断塑造的生态系统。齐莫夫的长期目标是恢复更新世景观，以使这片土地适宜复活的第一批猛犸象生存。这可能要花费一个世纪的时间。

即使栖息地对复活物种来说没有问题，我们也不清楚当下挣扎的物种还需要付出什么代价。预算紧张的自然资源保护主义者担心去灭绝化的高昂成本，还担心这项技术可能会把人们的注意力转移到少数几只抢眼的动物身上，反而牺牲那些正面临威胁、不那么起眼但在生态系统中更重要的物种。他们还担心去灭绝化会形成一种心理上的安全保障，使人们不再重视眼前的灭绝危机。如果可以通过魔幻的基因组学复活物种，为什么还要花费数百万来拯救它们呢?

去灭绝化倡导者提出的反驳观点是让这些了不起的物种重获新生，这将增加公众对自然世界的兴趣，减轻人们的内疚，也会带来一丝乐观。借用保罗·克鲁岑形容人造时代的地球管理时最喜欢的一个词，这肯定是“令人兴奋的”。在一个生态系统中亲眼见到消失了5 000年的猛犸象，这听起来太酷了，让人无法抗拒。

去灭绝化的每一面都有其价值，这其中的伦理是复杂的。但是，除了关于动物福祉、生态系统平衡和保护优先性的问题之外，一个更深层次代表人造时代特征的问题出现了。去灭绝化为我们呈现了一个充满戏剧性的选择方向。就像纳米技术和合成生物学一样，干涉主义技术，如去灭绝技术，将人类设计深入塑造自然界形态的过程中。通过自然选择产生的进化和随之而来的灭绝本是世界的一部分。这些是地球最基本的代谢过程，历经沧海桑田，它们塑造了我们生存的这个星球。

不管是有意还是无意，人类总是将这些过程推向特定的方向。但人类从未如此刻意地去选择这些过程，以便彻底地重塑生物群落。他们从未人工合成过大自然。复活灭绝物种是一种激进的人工形式，它将地球上的物种构成转变为我们认为最适合自己的形式。这不仅是对现存物种进行重组的问题。去灭绝化是对新旧物种及栖息地的选择。生态系统变得越来越人工化，越来越成为人类选择的产物。自然，作为我们不可分割的“另一面”，开始慢慢从我们的视野中消失。

19 世纪，约翰·斯图亚特·穆勒对自然的思考不仅是关于人类处于自然领域之内还是之外，他还提出，大自然是人类生命的重要基础。他表示，这个基础是“我们思想和抱负的摇篮”。正如穆勒所说，我们所处的世界形成了基本而又无法选择的背景，在此背景下，人类经历了数千年才形成身份意识。

在《猎户座》杂志发表的一篇文章中，环保作家斯科特·拉塞尔·桑德斯也提到了类似的主题：“照在皮肤上的温暖阳光、吹拂的风、雷雨的声音、翻滚的河流、潮涨潮落的大海、冻土融化时的泥土香气、花草舒展的景象、点点星光、吸入的空气，以及怦怦的心跳声，这些感知促使人类对事物的终极本质产生了长久意象，这些意象贯穿于世界各地的宗教、民间故事、洞穴壁画、诗歌、绘画和其他符号表达中。”[11]

一直以来，人们都认为“事物的终极本质”源于与我们截然不同的事物。它的基本运作由更大的地质、生态或神的力量来掌控。我们不得不接受它本来的样子，并被迫在与它不可避免的邂逅中找到属于我们自己的位置。对于桑德斯和穆勒这样的人来说，这个天然的摇篮提供了一扇通往生命意义的大门。

今天试图重塑生态系统的尝试，对于地球和人类来说都是全新的领域。如果我们采取辅助迁移、基因驱动和去灭绝的方式，这个星球就不再是我们出生时所见的景观和所处的生态环境，它成了我们选择构建的人造系统。这不仅适用于城市、郊区和农业环境等离我们较近的环境，在野外也同样适用。

基因驱动的先驱凯文·埃斯维尔特和他的同事清楚地察觉了危机。“通过改变野生种群来管理生态系统的能力，”他们说，“将对我们与自然的关系产生深远的影响。”[12] 人类，而非自然，将成为宇宙的设计者。从哲学或宗教角度来看，这种变化显然使人不安。用人工来替代自然确实有点过火。桑德斯一直对危险保持警惕。他说：“人造领域尽管精巧方便，但如果我们只局限于此，那它就会变得病态。”[13]

越来越多的生态学家和土地管理者认为，对于人口的不断增长及其越发严重的后果，我们别无选择，只能把地球变成一件精心设计的人工制品。正如一些评论家所说，自然历史和人类历史相互独立的时代已结束。在杰迪代亚·珀迪的心里，自然已经不再“自然”。人类现在必须发号施令。

然而，这涉及一些模糊的道德问题。我们别无选择的说法代表了逻辑上的巨大飞跃。虽然看似现在的一切都受到人类的影响，但这并不意味着自然界的每一个特征都必须由人类来决定。事实上，我们的影响仍然微不足道。在许多地方，大自然的运作仍然在很大程度上独立于人类，人类的作用可以忽略不计。这些地方在许多文化和宗教中都受到高度重视，也有数不清的环保人士致力于维持原始存在。

预谋中的改变和无意中的改变存在很大的不同。我们可能已经通过污染、意外引入外来物种和气候变化等方式，无意中影响了世界上的大部分地区，但我们还没有开始有意地塑造整个地球。后者代表了一种全新的承诺。我们尚未做出这一选择，也没有被迫必须这样做。人类努力使地球上所有的改变都是预先设计的，这种想法史无前例，并且为未来的星球塑造者设定了极高的标准。

当我们思考能否达到这个标准时，或许应该记住在我们生活的地球上，有一种与生俱来的野性一直在伺机待发。正如达尔文指出的，动物的形态和行为是随着时间迁移不断变化的。尽管达尔文不明白其中的机制，但他知道生物世界有一种以不可预测的方式持续变化的倾向。即使在人造时代，这种倾向也会保留。生物系统总是会受到伴随遗传现象的随机突变的影响。这种不可预测性将会给未来的生态工程师带来令人不快的后果。

与去灭绝化讨论一样令人兴奋的是，围绕着尼安德特人的DNA测序的基因组学讨论同样吸引着众人的目光。尼安德特人是现代人类的近亲，大约在4万年前就已经灭绝。一位名为斯万特·帕博的瑞典研究人员震撼于人类基因组计划的成功，但他更感兴趣的是已灭绝的原始人，而不是活着的人类。21世纪早期，他在德国马克斯·普朗克研究所领导了一项研究，对尼安德特人的完整基因组进行测序。研究人员在2010年初步发表了尼安德特人基因组的草图，在3年后又公布了一份更详细的草图。

帕博发现，除了非洲人之外，大多数现代人拥有尼安德特人的DNA，占其基因组的1%~4%。大约两万年间，现代人和尼安德特人共同生活在欧洲和亚洲，发生了许多跨物种的浪漫故事。尼安德特人的某些基因序列已经被证实具有足够的优势，它们仍然被现代人类选用。

帕博目前的目标只是简单地比较现代人和尼安德特人的基因组，以便了解是什么让我们与众不同，是什么让我们取代他们并最终成了占主导地位的物种。接下来的步骤会涉及使用这种比较分析和CRISPR技术，在现代人的基因组中重建尼安德特人完整的40亿碱基对基因组序列。当这种情况发生时，我们需要做出重大的道德抉择。

原则上，为扭转猛犸象和比利牛斯山羊等动物灭绝而提出的体细胞核转移技术也可用于尼安德特人。如果我们决定继续，毫无疑问，我们都清楚谁会是代孕父母。虽然复活猛犸象是令人兴奋的，但在复活尼安德特人这件事上，却让人感到阵阵寒意。

在实施这一步之前，我们必然会犹豫。除了它引发的所有哲学问题之外，还有相当多的实际问题。如何处理细节问题呢？该不该呼吁一位爱冒险的女性把尼安德特人的 DNA 移植到她排出的卵子中？还是应该把修改过的生殖细胞注入两个人类胚胎中形成嵌合体，从而结合生成尼安德特人？无论是哪种情况，由此造出的孩子都将开启一段不可思议的人生，这个孤儿已经与他的族群分开了 4 万多年。

在这个人与自然关系紧张的地球上，到底拯救哪些物种，我们需要做出选择。曾经适应寒冷环境的物种，如白皮松和鳟鱼，可能已经濒临危机。想象一个未受影响的自然秩序会保持其完整性并延续其历史状态，对于这个观点，此刻的我们已经改变了太多。即使这些变化没有发生，未来气候变化的必然性也要求我们痛苦地决定到底拯救哪些物种。我们还要决定什么样的自适应技术是可接受的。

在某些情况下，如果没有人工繁殖和物种重新安置，拯救物种是不可能完成的，同时也会涉及通过仔细拼凑，将不同的生命和非生命元素组合起来，构建更具气候适应性的生态系统，从而为不断变化的环境提供缓冲。例如，在炎热的夏季，将海狸重新引入适当的区域，可以为干燥的生态系统提供更好的蓄水能力。面对充满气候挑战的世界，我们也许会启动新的生态工程，以创造能够支持保护目标的环境。利用基因驱动技术来改变野生物种的 DNA 具有一定的保护作用和人道主义诉求。利用基因组技术来复活灭绝物种甚至设计全新的物种，是我们必须决定是否跨越的下一个科学前沿。

在这些例子中，我们不再把自然看作神圣的遗产。就像发展人造时代的其他技术一样，我们不会满足于周边的发现。我们会按照自己认为合适的方式重建自然。在全球范围内主动承担这一角色，对人类来说是全新的体验。再过几年，我们有机会集体做出决定，在未来的规划中我们想要哪些，我们可以拒绝哪些。如果不能就这些问题进行开诚布公的对话，那么剩下的唯一有趣的问题将是，在这条人类从未踏足的道路上，我们究竟会不顾一切地走多远。

第 7 章

城市的进化力量

纳米技术、合成生物学、辅助迁移和去灭绝技术都有望在更深的层面上将人类的设计作用于自然规律之上。同时，这些技术也提供了一些反映人造时代特点的惊人例证。它们深入影响地球的运行法则，并根据人类的设计对地球的运行方式进行实质性重置。这些迅速增长的、能在最基本的层面上改变自然的技术，同时也赋予我们一种全新的力量，这就是澳大利亚科学作家盖亚尼·文斯说的“观念上的巨大转变”。

然而，现在并不是所有重要边界的跨越都涉及引人注目的新技术。其他能够预示地球历史进入新时期的现象则距离我们更近，并且为我们所熟知。这些现象不是由令人不安的新技术的发展带来的，而是各种趋势逐步发展累积的结果。在某些情况下，这些另类的转变不过是人类的勤劳和社会化本质的必然产物。它们不涉及先进技术，也更世俗化。但是，即使它们不涉及纳米或分子生物技术，它们同样具有变革性。这种现象的一个有力例证就是城市化。

2007 年，地球上的某个城市中诞生了一个新生命。这个新生命的出生使城市人口占总人口的比例超过 50% 的大关。尽管城市只占地表面积的 2%~3%，但现在超过一半的人类居住在城市。这种情况无法逆转，人类正在日益成为城市居民。

人类是从非洲大草原上进化而来的。在 20 多万年时间里，我们生活在草原和灌木丛生的森林中，狩猎、觅食，使用兽皮制作衣服，使用木头和草建造住所。我们臣服于大自然，不停地迁移，冰川、河流及其他障碍物经常阻挡我们四处迁徙的步伐。人类迁徙到新大陆，开始扎根，种植作物，并因互相保护、提高劳动效率，或是——也许有人会希望——为了相互陪伴，逐渐形成了越来越大的族群。在人类历史的大部分时间里，我们能感受到脚下的泥土，感受到天气和季节的变化，与动物和昆虫共享地球家园。人类不断暴露在鲜活的、真实的世界中，这种处境塑造了人类特殊的生理机能、特定的行为和性情，以及独特的思维。

2007 年那个城市孩子的出生标志着智人已经更换了供其生存进化的栖息地。城市生活正逐渐成为常态。1800 年，只有 2% 的人口居住在城市。到 1900 年，这一比例上升到 15%。到 2050 年，这个数字将达到 80%。人类逐渐占据一个在进化上并不熟悉的生态位，在那里，日常生活中与自然世界接触的感官体验已经被另一套体验取代。

从田园生活转变到城市生活的意义不容小觑。水泥、交通、街角、酒吧、警报器、玻璃和路灯，这些逐渐主导着我们的感官。人们开着汽车或坐着公交车呼啸而过，步行或踩着滑板在城市中穿梭，制造出一种冷漠而又各自愉悦的城市喧嚣景象。现在覆盖在地球表面的混凝土超过 5 000 亿吨，每平方米陆地和海洋承受的混凝土的重量平均超过 2 磅。我们大部分时间待着的地方是由城市设计师和企业决策者建造的，而不是靠进化的力量。加入人类这种新常态城市的还有老鼠、浣熊、蟑螂、乌鸦、狐狸和其他生物，它们都在这个重建的混凝土世界里伺机寻找可以利用的东西。虽然早期城市不是靠进化形成的，但现在的城市已经是大部分人居住的地方。智人进化成了都市人。

城市化的很多成就是可取的。城市可以让人们从繁重的农村劳作中解脱，获得自由。城市为繁荣提供了新的机会，为陪伴提供了近乎无限的可能。形形色色、光鲜亮丽的人游走在典型的城市中，他们创造艺术，释放灵感。从密度上来讲，城市还能带来郊区和乡村无法企及的生产效率。城市生活之所以吸引人，是因为它的匿名性可以为那些过去渴望逃离混乱的人提供避难所。城市还可以为那些一败涂地的人提供第二次机会。

毫无疑问，我们是一个适应性极强的物种，甚至可以说是适应性最强的物种。这意味着我们当中很少有人能清晰感受到与进化史决裂的力量。城市显然具有吸引力，然而城市中的智人从某种程度上说仍然是一种灵长类动物。从人类的基因来看，我们对于所生活的世界感到陌生。我们对于从马桶里爬出来的蛇感到恐惧，对于从婴儿车中叼走孩子的狼感到恐惧，对于渗入城市供水系统的病毒感到恐惧，这些都揭示了我们的生物学根源所在。人们在咖啡馆中没完没了地讨论着史无前例的暴风雪和令人窒息的热浪，这证明了原始自然的观念仍然占据着人们的头脑。发达国家的城市地区通常更支持环境事业，这表明他们对正在消逝的过去怀有深沉的热爱。即使是最固执的都市人，荒野的影子也仍旧困扰着他们的心灵。

在人类迁移的同时，动物的行为和基因组也在发生改变，以便更好地适应城市生活。城市里的燕子进化出更短的翅膀，以便能更好地躲避交通工具。飞蛾长出了不同的颜色和图案，以便它们在新的混凝土家园进行更合适的伪装。进化的力量将城市公园里的老鼠变成独立的亚种，从而使它们无法与住在几个街区之外的表亲交换基因。麻雀和欧椋鸟的叫声更加响亮，从而摆脱城市背景噪声的影响。城市不仅使智人向着不同的方向发展，也改变了其他物种。鉴于城市道路对人类的诸多积极贡献，我们没有理由怨天尤人。但毫无疑问，这是一条我们以及喜欢与我们人类共同生活的物种实质上根本无法阻挡的变革之路。

******

另一个与进化相关的因素是，电灯使黑暗逐渐从世界上消失。对于“黑夜的终结”，保罗·波嘉德悲痛地写下了他深深的遗憾。他指出电力的广泛应用给地球带来了历史上真正的“黑暗”。夜晚的消失带来了严重的生理学后果。过度照明正在破坏地球数百万年稳定自转所形成的自然节律。

登月宇航员在太空中拍摄的地球照片显示，一颗壮观的蓝色星球悬挂在星河璀璨的浩瀚宇宙中。这深深地震撼了有幸从这个角度看到地球的人。埃德加·米切尔把它描述为“神秘黑色海洋中的一颗小珍珠”。这颗行星的有限性、它转动时的美感及脆弱的外观让我们第一次清楚地意识到人类对宇宙星体的认知有多匮乏。诺曼·卡曾斯后来说：“登月之行最重要的意义不是人类踏上了月球，而是我们在注视着地球。”

最近在夜间拍摄的地球照片显示，城市以及城市之间点亮交通要道的黄色灯光几乎已经覆盖地球表面，地球这颗珍珠仿佛蒙上了一层蜘蛛网。世界现在全部被点亮。随着电灯的普及，地球上一片漆黑的地方越来越少了。白炽灯丝、荧光灯管和 10 亿个发光二极管输出的能量，意味着电子入侵者正在这片大地上驱逐黑暗。人造光在空气中穿透数百里，其速度远远超过了推土机和挖掘机的前进速度。

在托马斯·爱迪生设计出第一个具有商业可行性的灯泡之前，夜间照明只能依靠木材、鲸油、石蜡和天然气等不完美燃料产生的火焰。火焰晃动个不停，总是燃烧未尽，烟雾熏得四周一片斑驳。光的传播受到现有的可燃物、环境条件和缺乏穿透力的限制。许多人仍然很喜欢跳跃的火焰散发的光，总是靠着烧些木头或蜡烛来沉醉于回忆当中或者酝酿亲密氛围。

当有限的火焰照明被白炽灯泡取代后，浓墨般的黑夜变成了各种色调的橙色、黄色和白色。几兆瓦的光肆意投射在夜空中，在每个居民点的上空搭建起一座苍白的穹顶。即使大部分居民已经入眠，这种光芒也不会消失。波嘉德引用一位易洛魁作家的话说："我们拥有黑夜，地球才可以休息。"然而随着电气化应用蔓延到世界各地，地球可以休息的时间却越来越少。地球的这种损失似乎也日益成为人类自己的损失。

人体有自然的昼夜节律。这种节律是根据地球日常旋转中光的变化而来的。进化将这种模式深深植入我们体内。昼夜节律对激素的产生、体温调节、血压和其他关键生理功能都有影响。随着日升日落，植物、动物、蓝藻和真菌逐步进化并调整，形成了类似的节律。树叶向阳而生、秋天凋零，鲜花每天绽放，动物休眠，细菌按时发挥固氮作用，这些都是根据光线的周期性和可预测性变化做出的反应。当光明和黑暗的模式发生变化时，生物必须迅速适应，否则就要付出代价。

蝙蝠的数量是世界上哺乳动物数量的五分之一。除了这些众所周知的黑暗世界爱好者外，60% 的无脊椎动物和 30% 的脊椎动物都是夜行动物。这意味着与我们共享这个星球的大量物种的生命形式已经进化，黑暗是它们生存的基本要素。在不完全夜行的物种中，有很大一部分在黄昏时分出来活动，此类活动具有潜伏性及半隐藏性的特点。

灯光驱逐了地球上的大部分黑暗，影响了所有物种。浮出海面的海龟因受海滩上照明灯的干扰而无法借助月光引路。它们也许是人工照明最明显的受害者。但是除了海龟，数百万其他物种也在改变其行为模式，以适应日益明亮的地球。

例如，游隼正在适应城市生活的新方式，它们设法夜间在城市里捕捉鸽子和蝙蝠。夜间狩猎不再要求游隼以每小时 200 英里的速度从高空“俯冲而下”，而这曾使游隼成为世界上速度最快的鸟类之一。灯火通明的城市意味着夜间的伏击涉及一种新型的追踪方式。游隼扑向它们毫无防备的猎物被照亮的腹部，在最后一秒回旋，用它那致命的爪子刺穿不幸的猎物那布满羽毛的胸口。就像智人适应城市一样，在一个不再受限于自身基因的世界中，游隼也在寻求新型的生存、觅食和休憩方式。

关于昼夜节律紊乱对人类健康影响的研究很少，波嘉德对此感到担心。在发达国家，多达 20% 的劳动力受雇于服务行业，这些行业要求员工在大部分夜间保持清醒。夜班工人，如门卫、卫生保健人员及那些 24 小时轮班工作的制造业工人都要承担后果。而且，那些上夜班的人很少在白天用相同的时间来弥补他们在夜里失去的睡眠时间。

2007年，世界卫生组织下属的国际癌症研究机构得出结论："昼夜节律中断的轮班工作可能致癌。"[1]这一显著迹象表明夜晚的终结会带来一些后果。据说，这可能与褪黑激素的分泌受到干扰有关，但目前尚只是一种猜测。人体与地球的昼夜节律有很深的生物联系，这一点不足为奇。

越来越多的国家和地方组织开始关注黑暗的减少，美国国家公园管理局就是其中之一。该机构成立了一个"夜空小组"来提高人们对黑暗作为一种新型资源的重要性的认识。该机构提出"一半的公园将在天黑之后开放"，这一方案既合乎逻辑，又符合联邦政府的规定。2006年，美国国家公园管理局承诺保护公园的自然光线景观，从伦理的角度来讲就是"在没有人为光线的情况下存在的资源和价值"。人造光现在已被看作是对公园生态系统的"入侵"，这表明对人造光和自然光加以区分不是完全没有意义的。

城市光污染显然也激怒了天文学家。城市里的光污染使找到观测星空的最佳条件变得越来越难。这不仅是少数拥有巨额预算的专业人士关心的问题。天文学可能是地球上最受欢迎的艺术之一，它的爱好者有举着价值几百万美元望远镜的博士科学家，也有抻着脖子仰望夜空差点栽倒在地的5岁孩童。观赏天上的月亮和星星是人类最熟悉的体验之一。然而最近人们发现，光污染导致世界上超过三分之一的人口再也看不见银河系。“如果我们再也看不到银河系，”波嘉德（借用比尔·福克斯的话）问道，“我们还怎么判断自己在宇宙中的位置？”

不只是人类，城市化和人造光的传播正在改变地球上所有物种的生命。就像在苏拉特又诞生了一个婴儿，苏丹又竖起了一盏路灯一样，这些转变都是逐步发生的。但所有这些微小的变化聚集在一起，就为生物界创造了一个新的基本现实。实际上，这些转变是数以百万计的独立决策逐渐产生的结果，这些决策是由彼此之间没有语言或意识形态联系的个体做出的，因此其后果同样显著。

除了不断发展的城市和被点亮的夜空，空气中也弥漫着其他微妙的变化。就在我们周围的空气中，携带着信息的电磁波持续传递，使我们能够打电话、网络搜索以及在夜晚享受娱乐时光。表面上的平静越来越成为一种幻觉。这种无形的媒介如同猛禽的翅膀包裹着我们的皮肤，使每天生产出的近10亿个晶体管处理数百万的个人备忘录成为可能。

在这次地球的能量整修中，海洋也未能幸免。由于海水吸收了大气中的二氧化碳而酸化，海洋消除低频声音的能力减弱。作为燃烧化石燃料的直接后果，噪声将在水下传播得更远。因此，海洋被越来越多混杂的声音渗透。高度依赖声学信号的海洋生物，如海豚和鲸鱼，其最基本的沟通方式越来越受到共振变化的干扰。与此同时，融化的海冰使更多的阳光进入海洋表层，为那些游过北部水域的海洋生物创造了一个更明亮也更嘈杂的世界。

行星的变化也非常大。地球大气层上方的薄薄的空间带，现在已经被正在运行或失效的卫星生成的大量金属和二氧化硅切割得支离破碎。美国国家航空航天局目前追踪的太空垃圾超过 50 万件，其中许多以每小时超过 1.7 万英里的速度飞驰。今天，想要从太空拍摄蓝色星球的宇航员必须避开轨道上的各种物体。他们必须与地球上的守护人员提前仔细计算，才能避免与这些碎片发生灾难性的碰撞。

凡此种种，世界已经一点一点地发生了转变。相伴出现的还有人类的行为和技术带来的后果。我们对于一望无际的蓝天、漆黑的夜晚、寂静的海洋或无限空虚的渴望，都变成了遥远的记忆。这种转变剧烈到足以使自然选择本身也迅速变得不那么自然。

这些由遍布全球无数地点的小决策造成的渐进性、不可阻挡的变化，在某种程度上比那些由先进的新技术带来的变化更加凶险。这是数十亿人形成的后果，但并不是人们刻意为之。没有人会想通过燃烧化石燃料来增加海洋噪声，也没有人想让空气中充斥着电子信号。发射气象卫星的人也不希望内太空变成一个塞满了加速金属部件的搅拌机。就像追求更美好的生活对地球造成的影响一样，这些变化并不是出于某人的恶意而悄悄降临到我们身上。然而，人类在无意中塑造的世界正是我们现在所处的世界。人类和人类周边的物种必须学会在这个灯火通明、网络互连、日益城市化的世界里生存。

在反思地球历史的这段新时期时，盖亚尼·文斯似乎已屈从于这种新常态。她说，渴望回到过去的全新世完全是在浪费时间。她认为我们必须吸取的教训是我们已无法摆脱新角色和新环境。相反，我们应该更加慎重而冷静地选择如何塑造周边的环境。然而，她承认我们几乎没有什么工具来指导决策的形成。这种席卷全球的变化给曾经“引领我们”的科学、文化、宗教和哲学带来了前所未有的挑战。尽管如此，文斯仍然认为这个时代的本质让我们别无选择，只能勇敢地承担起“星球主人”的角色。

“地球的主人”和“地球的普通成员或公民”，这两种对立的身份是环境思维常年存在的困扰。70 多年前，对后者的强烈支持促使奥尔多·利奥波德探索土地伦理。毫无疑问，在利奥波德时代，环境不同，手边的工具也不锋利。因此发生的改变很少，触手可及的技术更是寥寥无几。我们还没有能力深入了解这个星球的运作。

时间不断向前推移，文斯所说的成为地球主人的必然性和对冷静的需求远不能让人满意。我们可以做出与文斯不同的选择。如果真是这样，我们可以采取完全不同的行为方式。在太古宙和元古宙，蓝藻细胞通过提供氧气首次创造了一个宜居的大气环境。与蓝藻细胞不同，人类有能力环顾四周，并对人类造成的变化进行思考。我们可以扪心自问，到底要在多大程度上操纵地球，并对如何合成周围环境做出深思熟虑的决定。对于自然的某些部分必须独立于人类的想法，我们可以衡量其重要性。

对我们来说，最大的悲剧是这些决定在没有我们参与的情况下由市场代替我们做出。市场只是反映了人们的需求，这种说法是对技术变革的可怕误读。市场沿着特定的道路前进，并承诺给予市场开拓者最大的回报。然而关于渠道的决定并没有考虑公众的需要或利益。这些决策只不过是基于经济前景的机会主义行为。

在《瓦尔登湖》一书中，亨利·戴维·梭罗写道一个人能够放下的东西越多，他就越富有。一个半世纪以后，当比尔·麦吉本号召众人反对某些技术形式时，他援引了梭罗的话："够了！"如果人类不再要求自然保持其独立性，不再固守于自然进化，不再奢求天空和土地的宁静，那么自梭罗以来支撑环保思维的保护主义游戏也就结束了。随着游戏的结束，我们也不再认为人类与自然的联系是一种制约和束缚，道德约束也不复存在。

这种情况一旦成真，我们就可以自由地去改变任何东西。挣脱了束缚，我们也就没有了后退的理由。到那时，我们的目光可能会向上转移，我们的目标不仅包括周围陆地上可控而持续变化的环境，还包括头顶上方包裹我们的天空。在"塑新世"快速扩大的发展领域中，修补大气层顺理成章成地了下一个目标。

第 8 章

如何反射太阳光

在纪录片《难以忽视的真相》(2006)中，当美国前副总统阿尔·戈尔手握激光笔站在台上，配合着有点弱智的图表开始略显呆板的演讲时，人们就已经意识到气候变化带来了巨大的经济和道德困扰。人类若是改变了他们赖以生存的气候，地球就真正发生了变化。世界的每一寸土地都随之改变。我们头顶的天空不再只是“神的领地”，也将成为人工制造的产物。气候变化意味着一切都会发生改变。

然而人类很晚才认识到气候变化的严重性。在全新世的大部分时间里，二氧化碳只占大气成分的 0.028%。如果平均分布在地球表面，大气中所有二氧化碳加在一起只能形成 3 毫米厚的一层薄膜。这种气体只占大气成分的一小部分，其浓度的增加似乎不会产生什么影响。然而大气科学家的警告被置若罔闻。25 年来，出于自身利益，一些发达国家固执己见，拒绝承认事态的严重性。

近年来，即使是对气候变化反应最慢的国家和地区，其大多数领导人也承认，300 万年来，甚至是 1 500 万 ~2 500 万年来从未达到的碳含量正在慢慢加热地球，改变自然历史，这可不是什么好事。只要不是生活在脱离现实的幻想世界中，人们都会注意到这个问题。随着关于超级台风、史无前例的洪灾和高温天气的新闻报道越来越多，国际社会终于意识到没有人希望看到地球失去一个白色冰盖。然而，随着北极冰层的迅速减少，我们正在走向这样的世界。在我的家乡蒙大拿州，我们正试图给一个叫作“冰川国家公园”的保护区重新命名，再过几十年，终年冰雪覆盖的景象将一去不复返。如何把全球变暖的影响降到最低，是人类历史上面对的最艰巨的社会挑战和经济挑战之一。在巴黎、马拉喀什和波恩举行的联合国会议都在试图应对这些挑战。

一位名叫斯蒂芬·加德纳的学者对这些挑战颇有见地，他将气候变化称为“完美的道德风暴”。加德纳是一位哲学家，在西雅图的华盛顿大学教书。加德纳生于英国，毕业于牛津大学和康奈尔大学。他浑身散发着一种对不同的概念充分拿捏的气场。

加德纳是个严肃的人，他留着短胡子，看上去有点像乔治·克鲁尼。当一些激进分子穿着破旧的 T 恤，踩着洞洞鞋出席会议时，加德纳则西装革履，以表明自己严肃认真的态度。他曾在牛津大学、普林斯顿大学和墨尔本大学担任访问学者。除了拥有与生俱来的天赋外，加德纳也备受欢迎，他的认真专注、风度翩翩和善良温厚吸引着他的学生和同事。

10 多年来，加德纳一直是气候伦理学研究领域的领军人物。在研究起初让全球气候陷入混乱的原因及寻找让人类摆脱困境的方法方面，加德纳是个专家。他把气候变化看作“完美的道德风暴”，这让人联想到好莱坞电影《完美风暴》中渔船“安德烈安·盖尔号”曲折离奇的故事，仿佛是几股不寻常的力量汇聚在一起，使气候问题变得更为棘手。加德纳指出的三大风暴是全球风暴、代际风暴和理论风暴。

首先是全球风暴。加德纳指出气候变化对全球的影响是很难被认知的。开车去商店或者把加热器调高几摄氏度就会影响生活在世界另一边的人，这在大部分人看来真的是不可思议。我们还不太能意识到我们的日常行为会产生全球性的影响。接下来，他提出这场风暴的代际性是人类面临的另一大困扰，因为我们无法预知下周的生活会是什么样子，更别提 50 年后或 200 年后子孙后代的生活了。最后，加德纳提出了理论风暴，指的是可以帮助我们摆脱这种复杂而可怕的威胁的政治和道德理论完全缺失。

加德纳的基本论点是造成人为温室气体的全球性问题是前所未见的，而我们目前几乎没有有效的应对策略。加德纳的预测有些悲观。在那部关于渔船的电影中，加德纳胡子拉碴的

“二重身”乔治·克鲁尼最终没有逃离葬身水底的命运。这可不是好兆头。随着冰川和冰盖的融化，气候变化的“完美的道德风暴”正在给数百万人带来相同的命运结局。“祝好运，伙计们！”你可以想象加德纳一边礼貌地微笑着，一边友好地挥手道别，然后回到办公室继续他的研究。

面对这场“完美的道德风暴”，那些研究应对气候变化策略的人意识到，他们必须变得更具创造性。早在20世纪60年代，一位名叫阿尔文·温伯格的美国核物理学家就提出了“技术修复”的概念，用以形容采用工程解决方案来处理最棘手的社会问题。[1] 如果人类不能从个人和政治角度做出改变，那么就需要技术跟进。汽车防抱死制动系统的发明就是温伯格说的技术修复的典型案例。一直以来，人们无法在潮湿和结冰的道路上放慢车速，如今可以通过为汽车配备防抱死制动系统来降低危险性。有了这项技术，即使是在过快驾驶时把刹车踏板踩到底，也不会给司机带来严重的危害。因此，防抱死制动系统是一种技术解决方案，在某种程度上可以缓解让人们放慢车速的社会难题。换句话说，科学起到了一定的拯救作用。[2]

如果气候变化真的像加德纳说的那样，在道德和政治上具有挑战性，那这个问题是否也存在技术解决的可能性？或许科学天才能够想出一个工程解决方案，从而让我们继续生活在高碳环境中。然而我们生活在一个可以对周围世界进行前所未有的技术操纵的时代。可以想象，这个政客和活动家无法解决的问题，可以通过某种应对气候变化的技术方案取得成功。

显然，我们需要巨大的科学技术进步来应对气候变化构成的威胁。正如比尔·麦吉本说的，矿工和石油钻井工人冒着生命危险，从地下挖出脏兮兮的黑色矿石和石油以供燃烧，或许是罗马时期（甚至更久之前）的卓越成就，却并不适用于无人驾驶和Ins时代。譬如更便宜、更高效的太阳能板、风力涡轮机和可替代性的运输方式，此类技术创新可以大幅度减少碳排放。要想成功过渡到清洁能源，发展储电能力更强的电池，以及取得建筑和城市设计方面的突破，发展更智能的电网等，都是技术创新需要突破的领域。

然而，此类技术可能不是摆在桌面上的唯一选择。一些当代气候思想家已经开始讨论采取另一种办法来应对气候变化的可能性。按照这种思路，为了降低地球温度，气候系统的一些基本运作机制将被调整。这就是气候工程的设想。[3]

在涉及气候工程之前，保罗·克鲁岑就已经在大气科学史领域有所成就，他警告说，用于制冷和其他工业用途的化学物质正在破坏臭氧层。1987年，联合国在克鲁岑的研究成果基础上谈判达成的《蒙特利尔破坏臭氧层物质管制议定书》及时问世，使地球免于重大灾难。1995年，克鲁岑与马里奥·莫利纳和伊舍伍德·罗兰共同获得诺贝尔奖，这使他一度成为世界上作品被引用次数最多的地球科学作家。结合克鲁岑早先提出的使用原子武器会引发毁灭性的“核冬天”，这使他成为一名家喻户晓的大气化学家。

克鲁岑是大气研究领域的“史蒂夫·乔布斯”，他在这个领域建树颇多。在成功引起全世界对臭氧层消失问题的关注之后，克鲁岑于 2006 年开启了另一场重要的讨论，他表示国际社会应该开始认真对待利用技术人为降低气温的想法。同年，克鲁岑在为《气候变化》杂志（非常应景的杂志名）撰写的一篇文章中建议，既然人类在短期内无法通过政治手段减少温室气体的排放，那么就应该认真开展“人为提高地球反照率”的研究。[4]

反照率是对物体反射程度的一种衡量（反照率并不是衡量色调，如白兔的毛属于哪种白色，尽管白色与白兔和兔毛这二者都有关系）。它也可以被理解为亮度因数。如果某物的反照率被提高，那么射向它的大部分能量会被反射回原来的方向。如果能提高整个地球的反照率，那么进入并困于大气层的相当大的一部分太阳能将会被拦截，并在使任何物体升温之前就被反射回太空，其结果就是全球气温略微下降。

克鲁岑的提议一公开，很快就给那些仍处于阴霾之下的环境工程师带去了希望。然而获得诺贝尔奖也存在弊端，人们开始服从于获奖者。关于气候工程的讨论迅速升温。

为了提高地球的反照率，一系列可能的太阳辐射管理方法均可供应用。其中最具未来主义色彩（也最昂贵）的办法，是将数百万块小镜子送入轨道，用于在太阳光到达地球上层大气之前将其反射回去。由于费用高昂且技术复杂，目前没有任何一个国家能够开展这样的太空项目。因此，轨道反射器的想法很快被搁置。

另一个技术要求不高的建议是将地球表面的大片区域涂成白色，同时使用基因改造技术使常见作物的颜色变浅，从而提高其反射性。在地面调整反照率当然比在太空中要简单得多，而且成本也更低。但由于地球表面的三分之二是海洋，除非也有将海洋的颜色变浅的计划，如注入数万亿个微气泡或在海洋表面覆盖一层泡沫颗粒，否则这些“美白”策略同样收效甚微。

到目前为止，最引人注目的太阳辐射管理提案是用高空飞行的喷气式飞机将某种形式的反射粒子或水滴注入平流层，就此拦截接近地球的太阳能。注入平流层的物质将形成一层朦胧的大气屏障来阻挡射入的太阳光，这将显著提高地球的反照率。这个计划非常大胆。传闻 11 世纪的丹麦国王克努特大帝曾将王座搬到海边，命令海水退下。如今的气候工程师就同现代版本的克努特大帝一般，也命令太阳光原路返回。

相对于其他太阳辐射管理方法，平流层粒子策略的巨大优势在于科学家确信它是有效的。是什么让科学家如此肯定？这并不是因为人类在过去曾尝试对地球进行降温。迄今为止，人类对大气层的修复完全都是偶然的。科学家如此确信，是因为他们发现历史上大型火山喷发造成了同样的效果。

1883年，印度尼西亚喀拉喀托火山喷发。喷发形成的剧烈声响甚至传播到3 000多英里以外，被认为是有史以来最大的噪声。气压记录显示，由火山喷发引起的声波环绕地球三圈半。这次喷发摧毁了喀拉喀托火山所在的岛屿并引发海啸，造成36 000多人丧生。火山口喷出的碎片被抛到50千米的高空。受害者的骸骨漂过印度洋，一年多后，连同大量肥美的螃蟹一起被冲到东非海岸。

大部分喷向空中的岩石和灰尘很快又落回地面。随后，在喀拉喀托火山所在地的附近海域中形成了许多临时的岛屿。然而，在火山喷发过程中，被推向高空的部分尘埃和气体进入了平流层，高空风将它们分散到世界各地，它们逗留了好几年。火山喷发时喷出的数万亿粒子折射太阳光线，使半个地球之外的日落呈现出梦幻般的色彩。据说，挪威艺术家爱德华·蒙克就是在遥远的挪威克里斯钦港目睹了喀拉喀托火山喷发造成的绝美日落后，创作了他的著名作品《呐喊》。但是，对于气候来说，比短暂的日出日落更有意义的是火山喷发明显使地球温度降低。

火山喷出的二氧化硫气体在平流层中形成了数万亿滴硫酸。这些水滴暂时提高了透明空气层的反照率，并将一定比例的入射阳光直接反射回太空。可靠的历史记录表明，火山喷发后北半球夏季气温至少下降了1.2℃。通常不会下雪的地方出现了降雪。霜冻影响了春耕，夏收要么推迟，要么颗粒无收。

除了气温下降之外，美国西海岸也遭遇了创纪录的降雨，全球降水模式遭到了破坏。直到悬浮的火山灰碎屑以弱酸雨的形式全部落回地面，全球气温才在好几年后恢复正常。

喀拉喀托火山绝不是唯一的例子。1815 年，坦博拉火山爆发后，世界经历了“无夏之年”，也被称为“19 世纪冻死年”。据说，玛丽·雪莱创作《弗兰肯斯坦》的部分灵感就来源于此。1816 年的整个夏天，她都因为天气恶劣而被困在瑞士日内瓦湖畔的一座别墅里。在外面狂风大作、大雨滂沱的时候，她和同时被困的几个朋友，包括被形容为“疯狂、糟糕、危险”的拜伦勋爵，为了打发时间而编造恐怖故事，把在场的各位吓得半死。

1912 年美国阿拉斯加州的卡特迈火山、1982 年墨西哥的埃尔奇琼火山、1991 年菲律宾的皮纳图博火山……所有这些大型火山的喷发都导致了世界各地的温度明显下降。气候科学家试图将历史上的气温下降与大规模火山喷发的时间进行比对和分析。从小冰河时期到全球物种大灭绝阶段，向空中投射大量气体、液体和颗粒物，与全球气温降低之间的联系已被广泛认可。换句话说，火山喷发为太阳辐射管理这一概念提供了论据。这是保罗·克鲁岑力挺的概念。

现在的问题是，在人类焦头烂额地应对气候变化的过程中，是否应该采取人为方式来解决问题。

******

戴维·基思是一位讨人喜欢、非常聪明的加拿大工程师，曾在卡尔加里大学和哈佛大学工作。20年的研究使他成为气候变化技术修复的主要倡导者。基思清瘦结实，脸上挂着顽皮的笑容，脑袋里装着无穷的智慧。一谈起工作，基思就兴奋得像一个在商店里发现了最好的玩具的孩子。除了是一流的物理学家和工程师，基思还热爱哲学，喜欢荒野及冰雪覆盖的地方。他不仅关注如何设计和建造东西，还想知道人类为什么需要它们，以及它们会要求社会做出怎样的妥协。基思热衷于研究科技如何改变人类与自然的关系。

为了解决这些难题，基思从研究生院毕业后去了蒙大拿州的米苏拉市，和著名的技术哲学家阿尔伯特·博格曼一起研读有关马丁·海德格的复杂文献。几个月来，基思从博格曼的视角去理解创造事物是如何以一种微妙而不被注意的方式塑造社会的。蒙大拿州是他思考这些谜题的最佳地点。虽然基思一直以来都被当成一名工程师来培养，但他一生中对荒野充满深厚的热爱。在秋高云淡的周末，他和一位名叫查克·荣克尔的动物学家漫步荒野，了解当地著名的棕熊的习性和栖息地。当冬雪覆盖大地时，他绑上一个滑雪板，步入荒野深处进行探索。

自从被《时代》杂志评为2009年度“环保英雄”以来，基思承担了多个重要职责。其中包括担任碳工程公司的执行主席，该公司试图利用巨型风扇和化学吸附剂将碳直接从大气中抽离。基思在技术和公共政策研究方面指导哈佛大学的博士后团队，并帮助分配比尔·盖茨气候和能源创新研究基金的资金。

如果过于思念北方的冰天雪地，基思就会关闭实验室，和几个朋友去偏远的北极进行为期3周的滑雪旅行。在那些穿越北极坚硬地表的漫长日子里，他思考着气候变化不仅意味着北极冰雪的减少，还意味着更难再现的东西——大自然纯粹的野性。回到实验室，他试图为此做些什么。

基思是世界一流的平流层气溶胶工程专家之一。2013年，基思的作品《气候工程个案》得以出版，随后他受《科尔伯特报告》邀请，向全国观众展示了通过模拟火山喷发来管理太阳辐射的想法。基思认为，最适合放入平流层以阻挡入射阳光的反射剂是硫酸滴。当然，科尔伯特对此进行了严厉的批评。

基思：比如说，你每年往平流层中投放两万吨硫酸，每年都要多放入一点。从长远来看，这并不意味着你可以忽略减排。我们需要控制排放。

科尔伯特（讽刺语调）：当然，我们早晚要这样做。在此期间，我们正在用硫酸覆盖地球。

基思（讽刺语调）：所以人们害怕谈论这个问题，因为他们怕这会影响我们减排。

科尔伯特（持怀疑态度）：你说得没错。当然，这可是硫酸！

基思：没错，是硫酸。

科尔伯特：有没有可能这会反噬我们？用硫酸覆盖地球？我反正完全赞成。这就像一场巧克力全席宴。二氧化碳问题还是会存在，我只需要喷硫酸就行了，对吧？全世界都喷硫酸。

基思：问得好，但是我们现在把 5 000 万吨的硫酸作为污染物排放到大气中，它每年在全世界造成了 100 万人死亡。

科尔伯特（假装无知）：这到底是好还是坏？

基思：这非常糟糕。

科尔伯特：但是如果我们再多投放一点，情况会好转吗？

基思：我们说的只是百分之一，只是其中的一小部分。

科尔伯特：但是如果它造成 100 万人丧生的话……

基思：就很糟糕。

科尔伯特：我们只多加了百分之一，却多杀了 10 000 多人。

基思：好的，你算得对，但是“杀人”并不是我们的目的。

科尔伯特：“杀人”不是目的，我需要强调这一点。

科尔伯特沾沾自喜。每次基思试图将太阳辐射管理作为应对气候变化的严肃对策时都会遭到科尔伯特的嘲笑。科尔伯特发现，把基思描绘成一个疯狂科学家的形象来娱乐大众真是太容易了。

然而，基思在书中提到了一些重要的问题。如果认真对待全球变暖失控可能造成的危害，如果意识到这些危害将绝大部分落在穷人身上，如果承认这些穷人不仅是经济上最无力应对气候变化，而且从根源上对温室气体增加承担的责任最小，如果承认以前减少气候变化危害的策略执行得过于缓慢这一不可否认的事实，那么做一些看似疯狂的事，似乎就有了强有力的道德理由。基思坚持认为通过模拟火山喷发来管理太阳辐射，可能是为那些受气候变化影响最严重的人伸张正义的唯一途径。

2006 年，保罗·克鲁岑高调支持气候工程，打破了讨论这一话题的禁忌。此后，关于气候工程与全球变暖的争论迅速演变成一场伦理学家、政府专家、法律学者、大气科学家和生态学家对立的狂欢。前途光明但道路曲折，且不容忽视。突然之间，每个人都对人工影响气候这一古怪想法的利弊有了认识。

平流层气溶胶工程具备经典技术修复的所有特征。它展示出一位技术狂人的超凡技能。它就是一首身披闪亮盔甲的克鲁岑式“大气骑士”的英雄史诗。它让每个人在解决世界上最棘手的问题时都松了一口气（同时也避免了阿尔·戈尔再次拿着激光笔发表演讲）。所有人都认为它的成本低得惊人，而且在技术操作上也很简单。气候工程就像是人造时代的一个标志性技术。

那么，为什么我们还不开始这项技术呢？

******

科尔伯特坦率地指出，这项技术带来了一些严重的问题。确实如此，基思自己也把平流层中的气溶胶描述为“廉价”“见效快”“充满不确定性”。显然，与实施全球经济脱碳的成本相比，此项技术的成本相对低廉。基思给出的估价大约是每年 10 亿美元。毫无疑问，气温会很快下降，可能在几天或几周内。不幸的是，正如基思欣然承认的那样，太阳辐射管理对气候的影响还存在不确定性。

全球气候系统能够满足一种微妙的平衡。虽然阻止阳光（短波辐射）进入大气层顶部可以使热量减少，但这完全无法弥补累积的热量（长波辐射）穿过不断增厚的温室气体层而带来升温。任何时候，只要改变了辐射平衡，即热量进出之间的关系，就会改变一系列现象，包括海洋中水分的蒸发速度、风的模式、地区间的温度梯度和植物的生产力。从地球上反射阳光是对一个高度复杂和不可预测的系统的重大变革。这会产生很多不确定性。

降雨是一个特别令人担忧的问题。1883 年 8 月，喀拉喀托火山喷发和次年夏季加利福尼亚州大洪水之间的联系表明，平流层反照率的变化明显破坏了降水模式。由于世界上许多穷人都居住在干旱或洪水多发地区，如撒哈拉以南的非洲和孟加拉国，降水量的任何变化都可能让人类付出高昂的代价。现有的降水模式已经融入人们的生活节奏。自给自足的农民依靠规律的季风来种植作物。尽管研究表明，总体而言，太阳辐射管理的效果是积极的，但它对降水的不确定性影响给基思的道德论蒙上了一层阴影。即使由世界上最好的专家掌舵，气候也仍旧保持其自然性和不可预测的特点。

显然，我们需要有关太阳辐射管理影响的更精确的科学认知，但目前这方面的知识几乎完全依赖计算机模型的预测精确度。不利的是，如果不实际部署，太阳辐射管理技术对全球造成的影响就无法得到令人信服的检验。然而实际部署将是对新技术的一次相当高风险的检测，这项技术旨在改变整个地球的气候。人们仍然严重怀疑科学家是否能够，甚至从原理上掌握足够多的知识来管理阳光。蝴蝶效应表明系统某一部分的微小扰动可以对其他部分造成不可预见的巨大破坏。试图在全球范围内操纵一个复杂而混乱的系统，这听起来是个愚蠢的游戏。

更糟糕的是，在一个有环保意识的时代，从飞机上向空中喷洒化学物质的想法绝对让人感到恐慌。2012 年，英国曾提议对一种装置进行小规模实验，该装置只会从一个固定在离地面 1 000 米的气球上喷水。然而由于公众的反对，这项实验被搁浅。尽管这些对喷洒不足两个浴缸水量的担忧可能是反应过度，但对太阳辐射管理的测试确实会引发担忧。如果粒子进入平流层，高空风会将它们迅速传播到全球各地。一旦意外发生，是不可能收回这些粒子的。因此，确定平流层气溶胶部署的安全性所需的研究不仅不充足，而且极具争议性。基思也痛苦地意识到了这些问题，他曾和哈佛大学的同事弗兰克·科伊奇从高空气球上将冰冻的水雾放入平流层，随后又用碳酸钙粒子进行了测试。

对太阳辐射管理的担忧并不局限于风暴、干旱和降雨。太阳辐射管理也无法解决所谓的“另一个二氧化碳难题”——海洋酸化。随着大气中碳浓度的上升，海洋会越来越多地吸收这种无色无味的气体。海洋表面吸收的二氧化碳与水发生反应，形成碳酸，然后扩散到整个海洋环境中。

碳酸已经使海洋明显酸化，水温最低的地方受到的影响最大。在过去的 200 年里，海洋生态系统的酸度平均增长了 30% 左右。到 21 世纪末，北极某些地区的酸度将会加倍。这对海洋生物产生极大的影响。

碳酸正在腐蚀海洋生物贝壳。海洋酸化最广为人知的一个影响是，它将全世界的珊瑚礁置于死亡螺旋中，海水温度上升使珊瑚礁严重白化，组成珊瑚礁的生物体无法形成骨骼结构，从而抑制了珊瑚礁的生长。因此，珊瑚礁鱼类正在失去它们的产卵地，海洋生态系统依赖的复杂食物网也陷入了混乱。其他对海洋化学物质敏感的重要生态物种，包括浮游生物、海藻和牡蛎，也都受到了碳酸的威胁。海洋的持续酸化将把海洋推向一种当今海洋学家无法辨认的状态。

当工程师修改平流层的化学成分时，地球上的天然火山活动仍按照自己的规律进行，这就引发了最后一个令人担忧的问题。在工程师勉强将合成粒子喷射到平流层后，地球表面的板块仍将继续碰撞，炽热的岩浆仍会喷涌而出。如果当平流层中充满气溶胶时再次发生类似喀拉喀托火山或坦博拉火山那种规模的火山喷发，地球将突然得到双倍冷却。这种低气温将持续数年，并导致毁灭性的作物歉收。克鲁岑在 20 世纪 80 年代研究过的“核冬天”会意外地成为人类灭绝的有力推动者。

以上种种都意味着太阳辐射管理这颗神奇的子弹可能会击中一大块火山石，然后弹飞到一个未知的方向。尽管太阳辐射管理可以有效降低全球的平均气温，但它伴随着持续的海洋酸化和一系列不确定的气候影响这种连环打击。对于旨在解决气候变化问题的简单技术方案而言，上述两种方案代价都太过高昂。

戴维·基思是个聪明人，他看到了这一切。当保罗·克鲁岑在 2006 年第一次提出这个话题时，他也预料到了后果。但在缺乏更好的替代方案的情况下，他们二人仍认为这是一项值得达成的协议。过去 30 多年来，国际气候政策一直因拖延和缺乏信任而难以取得进展，因此，应对气候变化最直接的方案——向低碳能源缓慢且相对轻松地过渡——已经被摒弃。应对气候变化的角度越来越窄。在这场“完美的道德风暴”中，不光天气变得更恶劣，选择也变得越来越少。

有关太阳辐射管理的科学讨论意义重大，但同时模拟火山喷发也面临另一种挑战，即诸多政治问题。任何一项有效的太阳辐射管理计划刚开始肯定会涉及政治。谁能得到信任去开发如此强大的全球技术？国际社会应该接受多大程度的太阳辐射管理？谁的手指有权触摸全球恒温器？治理方面仍面临巨大挑战，并且目前尚不清楚那些与未来气温息息相关的人，换句话说即地球上所有人的声音将如何被听到。

气候工程的支持者并没有忽视造成大规模地缘政治不稳定的可能性。像加拿大和俄罗斯这些似乎能从气温升高中获益的国家会乐于回到过去的寒冷气候中吗？区域合作伙伴甚至个别国家会在没有事先与其他各方讨论的情况下，出于自身利益而部署气候工程吗？中国会站在哪一边？较贫穷国家的利益会被忽视吗？我们很难设想一个公正的国际程序来合理地解答所有问题。目前新的智囊团已经成立，智囊团成员唯一的目的就是解决这些政治难题。

为了应对这些棘手的政治问题，基思在哈佛大学成立了一个项目，该项目涉及多个学科，包容不同的观点，而且将联手政府机构、非政府环保组织和诸多民间社团。这样做是为了听到怀疑的声音，并确保最大程度的透明度。从一开始，该项目就旨在帮助找出政治上可行的国际性太阳辐射管理方案。尽管有诸多保证，一些批评者巧言令色，直言太阳辐射管理从本质上来说，要么是一项不民主的技术，要么不可控，抑或二者兼备。

******

反射太阳光除了带来紧迫的科学和治理难题之外，还有一些更抽象的难题正在让越来越多致力于此的哲学家感到痛心。这些难题让我们直面放纵的“塑新世”时代给我们的自我意识和周围环境带来的理念冲击。

这些难题中最典型的一个是，一个被人为操纵气候的地球会变成何种存在。地球在过去的一万年为人类所经历的一切，无论是好还是坏，提供了一个相对稳定的气候背景。人类所有的重大事件——动物的驯化、农业和文字的发明、世界主要宗教的诞生、金字塔和长城的建造、文艺复兴、启蒙运动、两次世界大战——都是在全新世相对稳定的气候环境下产生的。正如约翰·斯图亚特·穆勒所说，“这种气候是文明的可靠摇篮”。但现在我们生活在一个气候变暖的地球上，我们熟悉的气候背景正在发生改变。

比尔·麦吉本比任何人都更清晰地认识到这一点。1989年，在公众的气候危机意识苏醒之时，麦吉本写了一本书，书名惊醒众人——《自然的终结》。在仅200多页充满事实和反思的文字中，麦吉本悲叹道燃烧化石燃料排放的温室气体可能会把整个地球变成“人类习惯、人类经济和人类生活方式的产物”。由于气候变化，如今的地球已截然不同。我们为地球上的每一个地方都打上了“人造”的标签。

麦吉本认为我们现在生活在“地球 2.0”上，一个被新大气层包围的新行星。这个被危险的温室气体包围的地球，从更深远的角度看，变成了一个不同的地方。“我们建了一个温室，”麦吉本说，“那里曾经是鲜花怒放的原野。”当今存留的一切在某种程度上都受到了人类影响。[6] 麦吉本从一开始就强调这种变化会给人类带来巨大损失。全新世的气候代表了“一个独立而天然的领域，一个远离人类的世界。人类适应了这个世界，在这个世界的规则下出生或死亡”。然而这些规则正在发生改变。

但是，如果正如麦吉本假设的那样，人类无意间导致的气候变化使我们进入“地球 2.0”时代，那么气候工程又会给我们带来哪些额外的心理负担呢？一些人认为气候工程将有效地把地球变成一个巨大的人工产物，从此以后，人类可以按其意志反射太阳光、吸收适量的太阳能。这标志着人类将进入一个全新的历史时期，一个人类可以控制地球物理规律的时期。

在这个新时代，地球与太阳的关系的基本属性将不再像过去那样成为定律。米兰科维奇循环周期在全新世到来之前的 250 万年的更新世时期有规律地变化，形成了冰期与间冰期的循环，塑造了地球生态。然而有了气候工程之后，地球椭圆轨道的微小扩展或压缩、地球自转轴垂直角度的变化及自转轴指向的变化，将不再是地球温度的决定因素。这些微小但有影响力的行星摆动将变得无关紧要。与我们知道的其他行星不同，地球上的居住者可以自己调节周围环境接收到的太阳辐射。大气工程师会转动刻度盘，使用算法来确保在任何时刻只有经过数学测算的热量才能加热地球表面。对我们来说，太阳系将成为一个太阳校准系统，它的热力学性质将不断调整，以使我们的生活更加舒适。

就像不知疲倦的制陶工人不停地捏黏土一样，人类也要承担起永久性塑造气候的责任。这不是指在局部范围内塑造特定的生态系统或景观，这一点人类一直在实践。有了气候工程，人们能够随时管理阳光下的任何事物。人类将取代某些源自太阳系物理学深处的自发力，成为控制行星基础运行规律的力量。

承担这个角色将大大增加人类的责任。大多数伦理学家和法学理论家断言，有意为之和无心之过是截然不同的。想想故意杀人和过失杀人之间的区别，或者想想在陡峭的山坡上徒步旅行时，故意向某人扔石头和无意间松开某人之间的区别。

就造成的责任而言，气候工程就像是故意扔石头。然而它指的是有意改变大气，而不是肆意污染地球。它为我们的家园打开了一个全新的篇章，并赋予了一种崭新的全球责任。跨越无意间的气候改变形成的“地球 2.0”，气候工程将把地球带入 3.0 时代，或者将它变成我们再也不能称之为地球的东西。

一些支持这项技术的人承认，“太阳辐射管理”这个词让人联想到科幻电影，并传达了一种虚假的控制感。他们试图将太阳辐射管理重新命名为“阳光反射方法”，以表明气候工程在某种程度上比全球范围内的太阳辐射管理更有益。这是一种巧妙的文字游戏，但可能是徒劳的。对于麦吉本而言，他希望继续专注于减排。他把整个气候工程讨论描述为“令人讨厌的”，把气候工程背后的心理冲动称为“动机不纯”。然而，这一技术修复想法不太可能在短期内消失。此时此刻，气候工程已经暴露了地球不断升温的事实。

从许多方面来看，太阳辐射管理是“塑新世”的典型活动，它将人类带到自然运行过程的核心并将其据为己有。还有什么比一个物种刻意改造自己星球的大气层更能代表人造时代呢？别改造火星了，我们可以先改造地球。

发起这一讨论的理论家保罗·克鲁岑从一开始就看到了气候工程与人类历史新纪元之间的密切联系。他看到了挑战，也看到了潜力。我们已经不再处于人类可以退居幕后、期待地球自我管理的时代了。他认为当今的挑战要求“人类在各种尺度上采取适当的行动，而且很可能涉及国际公认的大型地球工程项目来‘优化’气候”[7]。

聪明的技术人员能通过优化气候来重建世界吗？这听起来

像科幻电影的情节，但事实并非如此，这一点值得关注。随着气候危害迅速加剧，而采取行动的政治意愿远未达成，关于是否走上气候工程道路变得越来越迫在眉睫。很明显，一些强国的领导人容易被尖端的技术诱惑，这就需要积极动员忧心忡忡的公民来说服急切的政府放弃这条道路。

第 9 章

重新合成大气成分

向平流层喷洒硫酸的方案不仅引起恐慌，同时也引起公众对气候工程的关注。与此同时，另一种太阳辐射管理技术引起了研究人员的兴趣，即增强海上云层的亮度以减少海洋吸收的热量。

缓慢行进的船队通过特别设计的装置向外喷洒一层盐水雾，这样可以增白海面上空几千英尺的云层。这些“增白”的云层能够将阳光反射回顶层。如果操作范围足够大，这种“云增白”技术可以在太阳加热黑暗海洋之前，通过反射大量的太阳能，而产生类似平流层气溶胶的效果。

虽然云增白技术仍处于建模阶段，但该技术的拥护者注意到，来自美国国家航空航天局的卫星图像显示飞船的尾气会促进云层增厚，形成的云层能够在大洋上绵延数百英里。相对来说，用盐水而不是柴油来实现这一工程，其技术目标更容易达成。最难的挑战是让喷出来的颗粒始终保持在最佳范围。掌握这一技术之后，就可以部署自动驾驶船队到海面的轨道网格上，朝天空喷洒盐水雾。

与激怒大众的平流层气溶胶工程不同，海洋云增白的想法更容易让人接受。比起向平流层喷射酸性液滴，人们更能接受调整海上的浮云。毕竟，与头顶的平流层相比，海洋与人类的关系更加紧密，也更加舒适。当地球的未来岌岌可危时，海洋上空多几朵云彩似乎并不会造成严重的后果。

海洋云增白技术也大大减少了气候工程带来的某些安全隐忧。云增白技术比高空气溶胶技术更易操控。如果关闭装置，海洋云层会在数小时或数天内消失。相比之下，喀拉喀托火山给人类的教训是，平流层注入气溶胶的影响将持续数年。海洋云增白技术也不会对地球的臭氧层造成威胁，但平流层气溶胶工程却无法保证。斯蒂芬·科尔伯特可能是最先指出通过向空气中喷洒盐水而不是硫酸来增白云层的人，这也给大众带来了一些慰藉。

然而，从广义上讲，海洋云增白技术仍然是全球太阳辐射管理的一种形式。就像向平流层注入气溶胶一样，它也会在一定程度上扰乱行星的反照率，从而引发问题。同时，这种稍显温和的气候操纵形式还会引发不确定性降水和持续性海洋酸化，这是平流层气溶胶工程的两大担忧。目前公众对海洋云增白技术的抵制虽然还不像抵制平流层气溶胶那般激烈，但最终也会相差无几。[1]

平流层气溶胶和海洋云增白技术都集中在调整反照率上。调整反照率受众人瞩目，但它并不是管理大气的唯一选择。气候工程师还可以用其他备选方案从不同的角度解决问题。它们针对的目标不再是太阳能，而是碳。

事实上，在气候工程讨论初期，英国皇家学会的一份有影响力的报告将该领域划分为两种主要技术类型。[2]第一种是太阳辐射管理，第二种是指一系列能够从大气中吸收二氧化碳并将其长期储存在安全地方的技术。这一技术被称为“二氧化碳移除”（CDR）。

与更受瞩目的太阳辐射管理技术一样，英国皇家学会给另一种技术贴上了相同的“地球工程”标签，但是迄今为止，二氧化碳移除技术在气候工程中仍处于次位。然而，自 2015 年在巴黎达成气候协议以来，二氧化碳移除技术受到越来越多的关注。《巴黎协定》明确指出，如果人类无法将全球气温的上升幅度控制在工业化之前的 2℃以内，我们不仅必须停止向大气排放碳，而且必须开始移除碳。

有很多方法可以将碳从大气中抽离。一种简单的方法是多种树，这种低技术含量的解决方案听起来并不激进，但实际上并不能凭一己之力解决气候问题。它需要大量的土地、大量的树木，以及一种确保树木死亡或被砍伐后释放的碳不会直接进入大气层的方法。人们对这种大规模植树进行的土地掠夺充满担忧，这意味着尽管种树通常是碳储存讨论中一种受欢迎的方式，但这一策略并不是解决气候变暖的独立方案。

另一种减少二氧化碳的生物驱动方式是允许海洋中大量繁殖浮游植物。这可以通过将含铁、钾或磷等重要元素的粉末状化学物质撒到海洋表面营养缺乏的地带来实现。随着这些额外成分的添加，海洋表面自然生长的浮游植物将会增加，并通过光合作用吸收更多的二氧化碳。

作为海洋中的初级生产者，大量的浮游植物将迅速进入食物链。海洋生物消耗了这些微生物后排出粪便，或者海洋生物死亡后，被浮游植物吸收的碳会随着粪便或尸体最终沉入深海。人们希望这些碳最终会以沉淀物的形式长期储存于海底。

回顾进化史，通过含氮物对海洋“施肥”的现象早已存在于海洋养分循环之中。在世界各地的捕鲸船队猎杀这些体型庞大、自由游动的鲸鱼，并造成其数量锐减之前，鲸鱼很好地利用它们的粪便完成了施肥。通过刺激吸碳微生物的生长，这种海洋中最大的生物排出的富含营养的粪便对全球气候产生了重大影响。[3] 由于数以千万计的鲸鱼不再愉快地在海洋生态系统上层排便，如今，海洋营养物质的分布远不及过去。这为保护鲸鱼和增加其数量提供了一个很好的理由，也是保护这些复杂而有魅力的同类物种的一个动机。

然而，海洋“施肥”的一个问题是，目前还无法判定当营养物质撒到海洋表面后，这些微生物究竟能吸收多少碳。有人怀疑这些碳是否真的会以安全的方式长期储存在海底。还有人担心向整个海洋生态系统中播撒营养物质会对生态产生更为广泛的影响。海洋食物链和气候系统同样复杂，而这种化学干预可能会产生明显的副作用，并将事态发展推向无法预测的方向。

这或许会产生一些微妙的影响。气候活动家娜奥米·克莱恩听说在哥伦比亚省自己家附近的海岸发生了一次非法的海洋施肥实验，她怀疑附近出现虎鲸的异常现象表明在海洋表面播撒营养物质已经导致生态系统混乱。与麦吉本关于环境的言论相呼应，克莱恩感叹道人类的这些干预将导致“所有的自然现象都染上一层不自然的色彩”[4]。

之前捕鱼的时候，当经过阿拉斯加州彼得斯堡附近的弗雷德里克海峡时，我曾目睹数十头座头鲸围着我们的船觅食，这让我体验到了一种超越现实的震撼。鲸鱼的鳍状肢和尾鳍划破光滑的海面，喷水孔喷出的水柱腾空而起，鲸鱼不断跃出海面。它们创造的壮观场面给人带来一种野性力量的冲击。然而在未来，向海洋表面大规模倾倒营养物可能会让这种体验更像是一场编排式的海洋世界表演，而不再是一扇窥探大自然景象的窗口。

很多用来大规模吸收碳的生物技术都会带来生态风险，因此人们正加紧提出替代性的二氧化碳移除方法，包括使用化学方法而不是生物方法直接从大气中移除碳。其中一个方法是增强岩石自然风化过程。

降雨导致的岩石风化过程是碳循环的主要机制之一，在整个地球历史中，它一直负责从大气中吸收大量的碳。降雨一般呈弱酸性，因此，它落到岩石上会产生缓慢但重要的反应。弱酸性降雨导致硅酸盐和碳酸氢盐离子从陆地表面流入小溪和河流。一部分向下渗透到地下洞穴和岩石裂缝中。无论是在地上还是在地下，这些离子都是吸附碳的“高手”。

在地下环境中，它们从水中沉淀出来，形成富含碳的石笋和钟乳石，其形状尖锐如锥，洞穴中阵阵凉风不断吹过，使其更加尖锐。地表水中的离子最终进入海洋，某些海洋生物利用碳酸氢盐离子形成构成其外壳的碳酸钙。名为硅藻的微型藻类利用硅酸盐来构建细胞壁。当它们或消耗掉它们的生物终结生命后，这些生物会降落到海底，作为压实的沉积物慢慢变成白云石、石灰岩或其他类型的岩石。它们将大约 6 万亿吨大气中的碳封锁在岩石中，充当长期的碳储存库。正是由于这种自然的风化过程，地球才有了能够维持生命的大气。

加强岩石风化作用听起来像是一种应对气候变化的奇怪策略，但它也有一定的逻辑。如果气候变化是通过挖掘和燃烧化石碳燃料来人为加速自然碳循环的某一环节，那么加速将碳回归地下的过程似乎是一个明智的应对措施。加强岩石风化的化学过程并不复杂。把一种叫作橄榄石的普通天然矿物铺在岩石上，会加快硅酸盐和碳酸盐的流失速度，从而将大量的额外碳从大气中抽离。

如果不想在裸露的山坡和山顶平地上进行大型化学操作，那么可以选择在高达60英尺的人工结构上开展碳吸收过程。直接空气捕捉技术涉及一种工程结构，这种结构借鉴了风车和船帆的构造原理。这种结构被称为“人造树”，它们可以像真正的树一样进行光合作用，从微风中吸收碳。这种人造树需要广泛分布并经常暴露在周围空气中。当空气穿过“人造树”时，它们的“叶子”表面的化学反应会吸附大气中的碳。从化学物质中提取出来的碳随后将被运送并储存在安全的地方，如开采石油和天然气的地质构造中。

直接空气捕捉技术在所有二氧化碳移除技术中最具设计感。为了解决棘手的碳排放问题，人们只需要精确设计出合适的设备。通过在足够大的规模上创造出一种自然界中最负盛名的吸碳生物的人造版本，也许就有可能从大气中吸附大量的碳，从而真正发挥作用。大自然的树木能够接受更为高效的人造树的帮助。巴黎会议倡导加强从大气中提取碳的能力，这个希望即将实现。戴维·基思不满足于只在哈佛大学从事地球工程工作和测试太阳辐射管理技术，他还加入了一家名为碳工程的公司，该公司致力于开发有效的直接空气捕捉技术并将其投入商业化应用。

******

作为一种气候策略，二氧化碳移除技术有很多可取之处。其一，它似乎解决了温室气体问题的根本原因，而太阳辐射管理却无法解决。尽管太阳辐射管理通过降低温度掩盖了二氧化碳的主要影响，但它并没有解决导致温度升高的首要问题，即温室气体本身。其二，通过从大气中移除导致气候变暖的气体，二氧化碳移除技术直击问题要害。

二氧化碳移除技术还有另一个好处——标本兼治，它将以太阳辐射管理无法企及的方式，逐步降低海洋酸化的危险。大气中碳的减少意味着海洋中碳酸含量的减少。珊瑚礁将开始自我修复，这会给约 900 万依靠它们生存的物种带来无法估量的好处。螃蟹和牡蛎也能保住它们的外壳。

此外，如果二氧化碳被认定是一种污染物，那么二氧化碳移除技术只不过是用来捕获和去除污染物的，所以为什么要反对它呢？不论垃圾是在地上还是飘在空中，我们都有义务把它们清理干净。

与大多数修复技术相比，二氧化碳移除技术似乎更令人心安。海洋、森林、藻类、浮游植物和岩石都从大气中吸收碳，许多细菌也是如此。人类大规模地效仿，仿佛是在尊重自己的生物学根源。细菌和云杉树也从大气中吸收碳，也许我们应该效仿它们。

二氧化碳移除技术的最后一个好处，也是越来越有吸引力的一点是，它不仅能够降低目前排放到大气中的碳带来的影响，还能消除过去工业时代排放的碳。大气中的二氧化碳含量已经超过 400 ppm（400‰），而工业革命之前为 280 ppm，1975 年仅为 330 ppm。自 20 世纪 70 年代以来，“制人”向天空排放这种有害气体的速度已经快了一倍。在最近的气候峰会上，很多气候科学家、政治家和外交官都认为这已严重超标。一个著名的气候组织认为大气中二氧化碳的最高浓度为 350 ppm，然而实际已经远远超过了这个数字。

大气中已经存在的碳可谓后患无穷，它的影响将持续数千年。如果想要把大气中的碳浓度恢复到可接受的水平，我们不仅要减少目前的碳排放量，还必须处理已经排放的碳。二氧化碳移除技术可以做到这一点，而太阳辐射管理技术却不能。太阳辐射管理技术将所有排放的碳都储存在大气中，直到它们被自然重新吸收，这个过程需要数千年的时间。这种延迟必然会给世界上的弱势群体以及许多处于危险之中的物种带来巨大的灾难和痛苦。

二氧化碳移除技术和太阳辐射管理技术之间存在巨大差异和根本性不同。如果二氧化碳移除技术真的是太阳辐射管理技术的“表亲”（正如英国皇家学会的定义所示），那也只是“远房表亲”。在地球塑造技术不被看好的时代，二氧化碳移除技术倒是令人耳目一新，也有益于地球。太阳辐射管理技术是一种绝望的权宜之计，而二氧化碳移除技术更有利于地球的良性发展。

******

然而，二氧化碳移除技术也存在不足。最令人不安的是，目前尚不清楚碳移除在技术上或经济上是否可行。尽管当前很多关于将气温上升保持在可控水平的讨论都建立在这些策略之上，但尚未有任何一种策略被证明在适度规模上是可行的。[5]

从空气中直接捕获碳也需要消耗大量的土地和其他自然资源，这就需要开发一种与当今石油和天然气工业的规模及生态影响类似的新型基础设施。如果这些清洗过程能够有效运行，庞大的制造和运输会应运而生，也会产生巨大的能源和淡水需求。

这也会带来高昂的审美成本。人造树不会像真的树木那般美丽，也不会是鸟类和昆虫的栖息地。凯斯的碳工程公司设计的碳清洗器看起来就像 20 世纪 60 年代最糟糕的办公大楼和巨型气垫船的结合体。堆叠在一起的金属块包裹着巨大的风扇，等待着周围的空气穿过浸透了碳捕捉液的吸附剂表面。碳清洗器需要附近有电源来维持风扇转动，还需要管道和其他基础设施将饱和液体转移到其他地方进行排放。

未来的碳清洗工程将带来巨大的视觉冲击。除了看到一排排发电风力涡轮机遍布大地，我们还能看到成片的碳清洗器在大量捕获空气中的碳。保持吸附剂表面暴露的机器以及转移碳饱和液的机器会持续产生噪声。遍布这种结构的地区显然见证了卓越的技术成就，但也是一个美学噩梦。辅路、基础设施和它们可能造成的生态失调使如今围绕风力涡轮机选址的争论变得毫无意义。但只有了解基础设施的设计旨在解决大气碳问题（而不是产生碳），才能弥补审美上的缺失。

二氧化碳移除技术成本高昂，并可能破坏现有的经济。人造树的生产成本并不低。大规模植树造林将影响粮食作物的生产。增强岩石的风化作用需要大量开采和铺设橄榄石。一些策略的合法性也受到质疑。例如，1972 年《伦敦公约》已明令禁止海洋施肥，禁止向海洋倾倒危险物。

因此，二氧化碳移除技术并不是气候问题的万能解药。虽然总体上朝着正确的方向迈进了一步，而且从某种程度上说也是降低大气中碳浓度的必要措施，但正在讨论的各种策略在实施上面临着许多技术和社会障碍。一篇探讨二氧化碳移除技术的权威调查文章以一种故作轻松的语调打击了人们的热情，它写道："从大规模二氧化碳移除操作中获得积极的环境和社会净效益，这个事'八字还没一撇'呢。"[6] 这些都预示着二氧化碳移除技术可能不是解决气候问题的最佳方案。

不幸的是，国际气候政策已经严重依赖二氧化碳移除理念来实现在巴黎达成的广泛目标。联合国政府间气候变化专门委员会在 2014 年发布的第五次评估报告中写道，“如果国际社会想要达成这些气候目标，就必须把生物燃料生产以及被称为碳捕获和储存的生物能源与二氧化碳移除技术结合起来”。

在气候领域，碳捕获和储存的生物能源表示从燃烧化石燃料转向燃烧生物燃料。因为燃烧一种燃料作物产生的碳约等于作物在其生命周期内通过光合作用从大气中吸收的碳含量，所以理论上生物能是可以达成碳中和的。

碳中和是解决气候问题的良好开端，但人们希望新技术能更加卓有成效。如果燃烧生物燃料产生的排放物能够被捕获并永久储存于地下，那么碳中和就会变成负排放，地球也会受益于此。生物能与碳捕获和储存的结合使梦寐以求的负排放得以实现。它使碳吸收多于碳排放，并且减少而不是增加大气中温室气体的浓度。在巴黎达成的国际气候协议认为碳捕获和储存的生物能源将在未来几十年广泛应用于能源供应。

然而，成功实施碳捕获和储存的生物能源存在许多障碍。关于合适作物的选择、生产所需的能源和土地、大规模农业转型触发的政治问题，以及将所有生物量转化为燃料的适当的工业过程，这些问题都未得到解决。当然，生产生物燃料所排放的碳肯定要比燃烧生物燃料本身所产生的碳要少得多。同时，生成的生物燃料也需要有足够的能源强度。捣碎的稻草是不能让飞机飞起来的。目前，从生物发电厂捕获碳的技术还不够经济，无法实施。尽管取得了一些进展，但联合国政府间气候变化专门委员会对碳捕获和储存的生物能源的热情倒像是过早地打起如意算盘。

******

在人造时代，人类赋予自己通过技术解决所有重大问题的支配权利，这为应对气候变化提供了一些大胆且吸引人的想法。在全速前进的“塑新世”，整个气候系统都可以通过太阳辐射管理和二氧化碳移除技术进行操控。这些技术中有许多值得深度探索，尤其是在二氧化碳移除方面。航空巨头理查德·布兰森曾发起“维珍地球挑战赛”，承诺为第一个开发出能够大量消除温室气体的安全、可靠、经济可行的方法的组织提供 2 500 万美元的奖金。[7] 研究人员正迫不及待地研发这项高难度技术，以解决现代社会面临的巨大挑战之一。如果这项技术投入商业化应用，他们还能得到巨额奖金。

研发热情高涨，但同时也存在诸多担忧。目前来看，不同于陆地，天空似乎已经禁止刻意的人类干扰。[8] 地球系统中没有哪一部分比大气更独立于人类的干扰。然而随着二氧化碳移除和太阳辐射管理这两项技术的发展，让地球稀薄的大气层处于“自然”或“不受影响”的状态已不再可能。正如阿尔·戈尔和比尔·麦吉本等气候活动家指出的那样，改变气候就会改变一切。刻意操纵气候将把人类带入一个全新的领域。“塑新世”的人为特点将蔓延整个地球。自然的价值在于独立于人类的传统环境思维将会再次受到打击。平流层以下的任何事物都将被人类塑造。

气候工程也许令人极度兴奋，也许令人极度恐惧，不管怎样，它都意味着人类要以全新的方式看待天空。就像宇航员首次进入太空时发出的感慨一样，如果气候工程成为“塑新世”的常态，我们与天空的联系将发生不可逆转的转变。天空不再是遥远的繁星苍穹，它将成为管理系统的一部分，人类可以随意调整，从而满足自身的利益。

奥利弗·莫顿是气候工程著作《重塑地球》的作者，他深刻地意识到气候工程的影响。他说，修补大气层“改变了人类的本性和自然的本性，这让人类帝国越过了亵渎神明的边界”。从哲学意义上讲，人类的干预只会导致天空的崩塌。

气候工程支持者认为，现在考虑哲学意义或宗教意义为时已晚。我们的行为早已损害大气的完整性和独立性。迫使一切恢复正常的唯一希望就是沿着这条路走得更远，从而逆向改造大气。

这种应对方式并非没有吸引力。我们已经把大气弄得一团糟，难道我们不该倾尽所能把它清理干净吗？

但是很显然，气候工程背后极端的地球管理方式需要付出巨大的代价。环境作家杰森·马克指出，气候工程的应用会给人们带来“存在性焦虑”。每一天、每一个小时，人类都要为气候的变化承担责任。马克怀疑这种责任会让我们处于持续性的恐惧当中，时刻担心着我们可能会“从维持地球平衡的绳索上摔落”[9]。应对气候变化的人类将永远行走在刀刃上。

同样，经常报道气候危机的《纽约时报》记者安迪·雷夫金认为，气候工程让我们“既兴奋又焦虑”。它的力量惊人，但伴随而来的是巨大的责任，就如同肾上腺素激增造成呕吐一般。

其实有时候很难判断，在“塑新世”，气候工程到底是思想家脑中最美的梦境还是最恐怖的噩梦，抑或二者的混合。如果人类能够谨慎运用一种先进的技术来抵消某种生活方式带来的意想不到的严重后果，那么人类就能够从气候危机的魔爪中解脱并长舒一口气。与此同时，人类还会为自己拥有其他物种无法赶超的聪明才智而感到自豪。

在这个过渡时期，在人类翘首迈进“塑新世”之际，我们面临着重大的抉择，即我们将在多大程度上去重新安排自然秩序。地球正在挣扎，我们需要采取行动，然而决定干预的程度是极其困难的。我们面临着展现人类力量的重大抉择，是否掌握主动权并开始积极改造气候是其中最大的抉择之一。

我们已陷入尴尬的境地。过去的生活很简单，人们坚持着原始自然世界的指导思想，认为自然需要保护，不受人类干扰。在以前，我们只需要确保发明和设备不与文明发生冲突，而现在，我们必须保证生物、生态系统和大气过程在整个地球上顺利运转。支持气候工程的莫顿认为这是将曾经神圣的领域转变为人类责任的不可避免的代价。

这无疑是一次戏剧性的转变。人类将承担比以往更多的任务。把人类世界与自然世界分隔开来的界限将会越来越小，直至消失。人类历史和自然史将开始融合。[10]

而且，越是承担这些重大的地球管理任务，我们就会越不可挽回地改变自己的本性。

第 10 章

人造人类

人造时代将不同于地球历史上的其他时代，因为在这个时代，地球上很多最基本的功能将由人类的设计和欲望决定。一部分设计会遵循地球在全新世或以往时期的惯例，但有时候人类也会另辟蹊径，决心重塑地球以改变现状。乔治·怀特塞兹在谈到合成生物学的未来时说："人类是否能超越进化，这将是一个巨大的挑战。"[1] 从原子层到大气层，试图"超越自然"将会使我们的星球变得更加陌生。

在全速发展的"塑新世"，人类将扮演前人无法想象的角色。深层技术有望重新改变地球的基本特征，包括物质的性质、DNA 排序、生态系统的组成，以及到达地球的太阳辐射量。我们的后代将出生在一个由前人设计而不是地质时代赋予他们的世界之中。这标志着人类和地球关系的重大转变。人类的身份和行为都将发生结构性变化。

一些全然接受这种不可思议的新力量的未来主义者可能会想，人们为什么不愿意去接受这一角色呢？大多数人认为，对智人而言，重塑地球是完全合理的下一步举措。如果我们拥有知识和能力，为什么不能在塑造周围环境中发挥更大的作用呢？毕竟其他动物都是这么做的。没有一个物种能原封不动地接受世界的本来面貌。操纵环境是生命本身的一个必要特征。有了卫星和先进的计算机模型的加持，人类会成为地球的特殊监察员。如果我们能够周密且巧妙地管理地球，我们就有可能为自己和其他生物共享这个星球创造一个更美好的未来。

这种态度现实、明智且实际。相比之下，担心人类和地球的关系发生变化则有些过于抽象。这并不意味着我们自身的改变，而是我们的选择发生了变化。接受这个新角色并不意味着我们会长出两个脑袋或一对翅膀。“塑新世”支持者认为，尽管扮演创造地球功能的新角色，我们仍将是完整的人类。我们只是在这条道路上往前进了一步而已。

然而，随着我们逐步进入人造时代，所有这些让人心安的赌注都将落空。即使是关于保持人类完整性的这种简单推论也面临挑战。在不久的将来，我们为周围世界开发的深层技术可能对我们自身产生影响。如果发生这种情况，我们会对人类本质保持不变的信念逐渐失去信心。

2016 年 5 月，哈佛大学医学院举行了一场闭门会议，会议禁止与会者在推特上发布讨论内容或是将内容泄漏给新闻媒体。150 位科学家参加了会议，旨在讨论启动一项前所未有的基因组计划。组织者表示保密是有必要的，因为一篇关于会议主题的同行评审论文正等待着在一家颇负盛名的期刊上发表。这或许是一个理由。从其他角度来说，保密可能是出于这个话题的不安性和煽动性。

在会议召开前的几个月，利用基因组的化学成分合成基因组的技术在分子生物学中越来越普遍。当时该技术仅用于合成非常简单的基因组，如细菌和酵母的基因组。但随着基因合成技术的进步，为更复杂的生物体构建更长的基因组成为可能。在哈佛大学医学院召开的这次会议是向迄今为止最复杂的基因组合成计划迈出的最初一步。参会者正在商讨人类如何在十几年内一个基因一个基因地在实验室里从零缔造人类。

这次会议中讨论的合成生物学技术与克莱格·文特尔、杰·基斯林和斯万特·帕博在研究细菌、酵母和尼安德特人时使用的基因合成和基因编辑技术相同。在会议召开时，即使是最先进的技术，仍远远无法将人类基因组的 30 亿个碱基对拼接在一起。迄今为止，合成的最长基因组大约有 50 万个碱基对。酵母细胞是第一个有细胞核和染色体并有望被合成基因组的有机体，但合成它的 1 200 万个碱基对仍然是个遥远的梦想。人类基因组的长度是酵母细胞的 250 倍，是之前合成的任何细菌的近 6 000 倍。

会议组织者知道，在目前阶段，这个目标完全是一种奢望。即使已经具备拼接30亿个碱基对所需的技术，仍有人质疑将合成的人类基因组插入人类代孕母亲排出的卵子中。2003年，科学家试图复活灭绝的比利牛斯山羊，但它们出生后的缺陷表明，试图将完整的人类基因组插入去核的卵细胞是不合情理的残忍行为。尽管存在道德上的疑虑，这个目标仍被认定为有很大的价值，并且科学家已经开始规划未来的各项发展。

当各路媒体开始报道这次会议时，公众的反应大多是厌恶。会后发表的声明试图洗清组织者妄图创造人类的嫌疑，摆脱人类的基因组遗传完全出自一瓶瓶化学物质，而不是有生命的、会呼吸的人类的生殖细胞的想法。他们认为这个项目——最初被称为“人类基因组2号计划”——主要是为了更好地发展基因合成技术。[2]他们提出研究这项技术有利于开发未来能够抵抗病毒的细胞，甚至可以创造出可以长成适合移植的人体器官的原始细胞。会议上的发言者还建议，合成复杂的癌症基因型将提供更好的疾病模型，使更有针对性的基因治疗成为可能。

他们还辩护道，该项目不光关注人类。它也涉及其他动物的基因组合成，它最初的意图是创建功能性细胞，而不是真正的胚胎。攻克拼接基因组这一挑战将给人类带来一系列好处，同时也具备巨大的科学价值。组织者的公关与几十年前理查德·费曼的著名言论一致。要想完全理解某个事物，首先要做的就是知道如何构建它。

尽管如此，媒体和其他合成生物学家即刻表示强烈反对，这表明合成人类基因组的想法跨越了某种不可接受的道德门槛。曾帮助创立了生物砖基金会的斯坦福大学生物学家德鲁·恩迪是合成生物学的热切支持者，他建议暂停该项目。他指出："他们正在讨论兑现合成定义人类的东西——人类基因组——的能力。"恩迪和他的同事劳里·佐罗斯在给会议组织者的一封公开信中建议，应该转而合成有更少争议且更能即刻生效的基因组。[3]最初的人类基因组计划的负责人弗朗西斯·柯林斯还警告说，这种基因组合成计划将"立即引发伦理和哲学危机"[4]。在许多人看来，合成人类基因组是一种不负责任的技术滥用。

虽然人类的基因组自我合成会把问题推向另一个高度，但利用技术来提高人类自身的功能肯定不是什么新鲜事。几千年来，人类一直在使用各种设备来提高自身的生理机能。如果一项技术或设计能够应对某些特殊的挑战，为什么我们不抓住机会来改善自己的生活质量呢？从 2 500 年前波斯发明的第一对木制假肢，到今天正在开发的用于刺激特定神经元的大脑植入芯片，我们已经习惯将越来越复杂的技术与身体融合在一起。

对于更具伦理观念的人来说，人类身体与辅助设备日益紧密的联系创造了一种新型的存在。目前来看，人体作为自然与人工技术融合的场所的想法已不再罕见。当我们的身体与科技融合在一起的时候，我们就变成了一种由生物元件和人造部件组成的混合体。

人机一体化的理念造就了一个全新的领域，即半机械人研究。人们普遍认为在多数情况下如果有机器部件的协助，人类可以过上更高质量的生活。这些部件包括心脏起搏器、电脑控制的机械臂或神经元植入物，但半机械人并不需要特别复杂。生物和人工制品的融合可以是一些简单的东西，如一副老花镜或一个助行架。人与机器越无缝衔接，这对人类用户来说通常就越友好。随着时间的推移和辅助设备复杂性的提升，人类和辅助设备之间的界限变得越来越模糊。许多半机械人研究者认为这是一件好事。当今的神经刺激专家查尔斯·利伯指出，他的工作的一个明确目标就是“模糊电子产品回路和我们大脑中的神经回路的区别”[5]。

然而，从零开始合成人类基因组则是一个截然不同的项目，它不仅仅是简单地创造一个半机械人。人类基因组合成并不寻求人类和人造技术的融合，它试图从内到外重塑人类。比尔·克林顿和托尼·布莱尔在2000年第一个人类基因组计划结束时指出，我们的基因组很特殊，许多人认为它是人类的本质。正如安迪和佐罗斯反对哈佛大学医学院秘密会议时所说，人类基因组合成可以“重新定义现在将所有人作为一个物种团结在一起的核心”[6]。这种程度的基因重塑意味着即使我们用人类基因图谱中所有的基因进行基因构建，人类也会从本质上变得不同。我们将不再是进化的产物，而是技术的产物；我们将以颠覆性的方式进行“自我复制”；我们将第一次拥有科学家构建的基因组；我们将通过技术手段而不是生物方式来繁殖自己。这不仅是体外受精，这将是体外创造。

这种做法是否明智暂且不说，但至少是值得怀疑的。当克莱格·文特尔在2016年成功合成了最小的细菌基因组时，他坦诚地说，尽管他和同事在实验室里亲手造就了这些基因组，但三分之一的基因组具有未知功能。这三分之一显然是细菌存活的必要条件，但它们的建造者承认他们并不知道这些基因的作用。这位通常很有自信的基因组学家表示，这个过程让他明白“我们需要对生物学的基础知识抱有更加谦逊的态度”[7]。一个合成的人类基因组，其长度大约是文特尔团队创造的细菌基因组长度的6 000倍，它将包含大量功能不明的DNA。人类将在无法完全确定自己在构建什么的情况下，从基因开始重塑自己。在遗传同一性问题上，“制人”只是一顿猜测而已。

人工构建的基因组并不是“塑新世”中人类自我合成的唯一内容。如果人类的本质之一是DNA，那另一个同样重要的就是心智。又或许，心智比DNA更神秘，更难以捉摸。心智在创造自我感知中所起的作用不可估量。合成人类心智的尝试将带领我们深入未知领域。研究基因组能够保证对人类本质的任何修改至少都停留在生物领域，但合成意识就另当别论了。

10多年前，纳米技术和人工智能专家雷·库兹韦尔写了一本名为《奇点临近：当计算机智能超越人类》的书。在这本650页的著作中，库兹韦尔描绘了一个由迅速发展的计算机技术塑造的未来。这本书的副标题揭示了这位备受赞誉的未来学家所认为的生长力带来的必然结果——人类终将超越生物学限度。

库兹韦尔在技术发展领域颇有建树。在 20 世纪 70 年代，他是开发光学扫描设备的领军人，这种设备可以将印刷文本转换为数字信息。不久之后，他发明了第一个可以将文本转换为语音的语音合成器。他还与史蒂夫·旺德合作，发明了第一个音乐合成器。因其发明改变了美国人的生活和文化，比尔·克林顿授予库兹韦尔国家科技奖章。

在《奇点临近：当计算机智能超越人类》一书中，库兹韦尔预测了这样一种未来：人工智能机器将获得一种难以控制的智能，这种智能超越了人类大脑所能对抗的任何事物。他将这段时间描述为“奇点”，这个名字来源于一个物理学术语，用来描述黑洞中所有已知物理定律崩溃的点。一旦超越了奇点，所有的预测都将失效。用库兹韦尔的话来说，奇点代表了一个“很难预知”的世界。这种难以控制的智能超越人类智能，将带来一个完全不同的世界。

走向奇点的早期步骤是创造一台拥有与人脑同等计算能力的机器。库兹韦尔在书中说这将在 2020 年发生。因为人脑是生物界最强大的机器，跨越这道门槛将对进化产生重大意义。库兹韦尔将其描述为“其重要性堪比生物学自身的发展”[8]。无论在 35 亿年的进化过程中生物学获得了何种信息处理能力，技术终将超越它。[9]

除此之外，库兹韦尔预测了人类智能与非生物计算能力的不断融合。他曾预测到2029年人类大脑的所有功能，包括情绪维度，都能够被精确建模。只要知道如何操作，用不了多久，这些功能都能在大脑以外的机器上复制。他还预测到2045年，人类智能与不断发展的计算能力的结合将超过人类智能总和的10亿倍。这标志着奇点的到来。

超过奇点，人类的未来就无法预知。库兹韦尔相信，一个超越我们理解范畴的"人机文明时代"将会降临。一种可行的方法是将大脑中发生的所有心理属性上传到一个单独的"计算基板"。这意味着我们的心智将独立于我们的大脑。生物学对思维的固有限制将不再存在。任何限制都将完全由技术而不是生物化学来定义。人类将变成一种完全不同的动物。事实上到那时，"动物"这个术语可能不再适用。

纪录片导演詹姆斯·巴雷特说，随着心智脱离大脑，我们将"超越人类时代"。当我们成为"后生物"物种时，"半机械人"的概念（即人类和人造物都扮演不可或缺的角色的综合体）将被淘汰。超越奇点，生物学上的人类将变得越来越可有可无。这种转变对人类到底意味着什么尚不明确。在意识到这种思想的迷惑性后，库兹韦尔试图缓解人们的紧张情绪，他坚持表示"未来的机器，即使不是繁衍而来，也都属于人类"。但目前还不清楚人类将遭遇什么。科技不仅能让我们通过纳米技术和合成生物学等深度操控技术来超越物质世界极限，也能让我们超越肉体自身。

如果库兹韦尔是正确的，那么遗传学、纳米技术和计算机科学的自然发展将把我们推向一个不仅世界被重塑，我们自身也会被重塑的地步。他的预测清楚地表明，在利用这些力量来改变世界和改变人类自身之间存在“滑坡效应”。

比尔·麦吉本曾竭力呼吁与基因技术划清界限，并高呼“够了”！他认为我们必须采取必要的行动来维持自己的人类属性。毫无疑问，某些人热切地希望跨过麦吉本这道槛，进入一个“后人类”或“超人类”的世界。库兹韦尔本人对此并不反感，而其他人则站在麦吉本一边，全然反对这个想法。

库兹韦尔的奇点论暗指一个与现在截然不同的未来，这超越了我们当前的认知。根据库兹韦尔的定义，我们无法预知奇点到来之后未来的样子。虽然我们不知道人类智能与计算能力的融合能带给我们什么，但我们多少知道我们将要放弃什么。

400年前，法国哲学家勒内·笛卡儿提出了一个学说，即人类是由两个基本部分组成的，他称这两部分为精神实体和物质实体。这个观点也被称为“笛卡儿二元论”[10]。二元论深入人心，直到今天也很少有人会质疑，这种观点的存在归因于思想史上某些伟人的声援。

笛卡儿的观点打动人心，是因为它与人类的真实感受吻合。在我们看来，心智是某种存在于肉体和生命个体内的非物质的本质。除了这些表象，笛卡儿并非没有意识到他的观点与宗教观点之间的相似性。正是这种精神与身体分离的信仰，让基督徒以及其他宗教信仰者了解了来世的意义。

然而，这个观点与达尔文的进化论截然相反。达尔文认为人类完全是漫长的自然进化过程的产物，和其他生物一样，都是由共同的祖先进化而来的。大多数无神论者和不可知论者不认同心智和肉体在哲学层面是分离的，他们猜测当人的肉体死亡后，心智也会随之消失。

库兹韦尔所说的即将到来的技术会给笛卡儿的著名理论注入新的活力。如果心智真的能够与肉体分离，那么，达尔文主义强调的精神和肉体、自我意识和生理构造之间的结合将变得没有意义。在库兹韦尔的世界里，相信心灵可以超越肉体的死亡并不需要宗教信仰的加持。但如果想要保持自己的宗教信仰，超人类主义或许能对这些古老的宗教信条做出全新的解释。[11] 将意识下载到计算机芯片意味着心智和肉体可能分离。这种情况甚至可以发生在死亡之前，事实上，只要心智的主人选择下载就可以随时实现。根深蒂固的笛卡儿思想，即人类的真正本质是脱离肉体的精神实体，将具有全新的当代意义。

分子制造、合成生物学和人工智能领域的研究人员越来越发现，现在我们正在经历一场本质上的变革。技术的迅速发展标志着世界将发生前所未有的变化。我们不再只是改变表层规律以使生活更加舒适，我们正在改变我们自身和周围环境中根深蒂固的规律。

麻省理工学院雕刻进化实验室的一位科学家认为，我们必须改变研究这些强大的新兴技术的方式以应对高风险。合成生物学家凯文·埃斯维尔特认为，在不同的研究领域中，我们触手可及的技术范围都经历了彻底的变革，以至于我们需要用一种全新的方式来接触它们。这种新的方式将持续向公众清楚地说明利害，并为公众提供拒绝的机会。科学将更自觉地倒向公共利益。它不会被商业利益驱使，不会因为专利或与大公司的联盟及其市场规划而对公众保密。

对埃斯维尔特来说，这种观点不仅适用于他自己从事的研究。在考虑是否发表一项通过携带病毒的野生老鼠种群传播终极特性的基因驱动技术时，埃斯维尔特坚持认为“开展一项能将整个物种从地球上抹杀的实验，唯一方法就是让其完全透明”。他倡导的科学是完全对公众开放的。[12] 对于项目的每一个环节，公众都应该有说“不”的权利。呼吁以更开放的形式进行科学研究已经成为埃斯维尔特的个人使命，他向愿意倾听的每一个人传递这一使命。然而，这一使命也经常让他与类似领域的研究人员产生分歧。

基考克·李称其为“深层技术”，戴安娜·阿克曼称其为“彻底改造我们人类的发明”。无论被叫成什么，随着我们不断接触人造时代的不同元素，一个截然不同的未来正在等着我们。这将是一个充满重大转变的时期。由于转变规模之大，认真审视这些转变并集体决定是否接受这些转变，以及以何种方式接受这些转变变得至关重要。即将到来的变革意义深远，不能完全由技术专家和紧随其后的经济利益集团掌控。我们需要做出一个清醒的决定，做出我们的选择，否则未来的人造时代不仅意味着对我们周围的世界进行彻底的改造，也意味着对我们自身进行彻底再造。

对一些人来说，这样的未来令人兴奋。毕竟，没有什么是一成不变的。但这些变化也足以让人迷失方向，仿佛我们漂泊在一个陌生的、前途莫测的新现实中，充满了孤寂和困惑。至少我们不应该在毫无头绪的情况下踏上这条道路。

库兹韦尔和埃斯维尔特这些人从事的工作表明，在“塑新世”到来之际，技术已经足够强大，我们目前需要的是前所未有的道德审查。现在正是需要我们认真思考自然及其与技术的关系的时候；现在也正是需要深刻思考谁可以做出实施这些变化的决定的时候。呼吁更多公众参与选择他们的未来，或许会成为人造时代的基本需求之一。

第 11 章

过渡时期

人们对时代变迁这一观点兴趣大增，这归因于一篇文章。2000 年，诺贝尔化学奖得主保罗·克鲁岑和海洋生态学家尤金·斯托莫首次宣称，人类活动把世界从全新世推向了一个新时代。在看到人类对地球、生物及物理系统做了如此程度的改变后，克鲁岑和斯托莫得出结论：“在我们看来，提议使用‘人类世’一词来概述当前的地质时代，以强调人类在地质学和生态学中的核心作用似乎更为恰当。”[1]

他们在为一份不知名的学术刊物撰写的简短论文中发表了此观点，这标志着人类的自我形象开始发生根本性转变。地球并没有我们起初想象的那么浩瀚，它会因人类活动而发生翻天覆地的变化。

克鲁岑和斯托莫的文章之所以产生如此大的影响，部分原因在于，在千禧年到来之际，公众对人类造成的地球变化越来越习以为常。几十年来，持续的环境变化已经让人们认识到人类正在把自己的家园搞得一团糟。气候变化已成为全球日益关注的问题，关于地球正在经历第六次“大灭绝”的说法已在公众心中扎根。人们能够在互联网上找到爪哇虎和旅鸽等灭绝物种的图片，这让很多人清楚地意识到环境破坏的不可挽回性。犀牛和北极熊等幸存物种面临的威胁导致整整一代学生在吃午饭的时候还要接受拯救鲸鱼和保护雨林等宣传教育。

克鲁岑和斯托莫的文章企图探讨人类在地球及地球系统上留下的足迹的范围。他们成功地将人们的注意力转移到人类对生物圈的种种影响。这些影响包括为供人类使用而开展的调水工程、人口指数级增长、用于农业的大气氮固定量、沿海红树林被破坏、遍布全球的农场动物数量大爆炸，以及燃烧化石燃料生成的二氧化碳和二氧化硫浓度增高。他们还指出，现在超过 50% 的地球表面都被用来满足人类的需求。

这两位资深人士认为非常重要的一点是，人类活动对地球的影响，其规模远远超过了类似的自然过程。例如，在自然界，豆科植物在数万亿细菌的帮助下不断地从空气中吸收氮。但是通过哈伯 – 博施工业过程从大气中获取并转入地下的氮每年超过 1 亿吨，远远超过天然过程的总和。

类似的情况还有，土壤和岩石通过农业、工业和城市化中的机械力发生的变化，已经超过土壤和岩石通过侵蚀所产生的改变。重新调度地球上江河湖海的大坝的总储水量影响了地球的自转。人类活动导致目前物种灭绝的速度是化石记录显示的背景速度的 1 000 倍。地球发生转变最明显的标志之一是人类向大气中排放的碳超过了 80 万年甚至 300 万年以来自然过程中产生的碳。与地球上粗暴的原始人类取得的行星工程学成就相比，大自然一直以来的运作方式现在显得越来越少见且无足轻重。

为了推动新时期的命名工作，克鲁岑和斯托莫设想一位未来的地质学家会回顾和调查这段地球历史。地质学家可以通过沉积物和岩石辨别任何时期发生的重大变化。温度的快速波动或大气气体浓度的变化、某种植物或花粉激增、海洋生物群的变化，甚至是小行星撞击留下的沉积物，都可以通过挖掘我们脚下的地层来辨别和确定年代。

克鲁岑和斯托莫设想未来的地质学家会仔细研究当今时代留下来的沉积物，并发现人类活动留下的标记将是他们能找到的最重要的特征。沉积物将展示土地和水在全球规模上的重新排列，化石记录将揭示惊人的物种灭绝速度。对岩石的研究将曝光一系列由塑料和其他人造物质构成的全新的“技术化石”。钻取的冰芯将揭示空气中二氧化碳的快速增加。所有这些都会证实这段历史代表了一个由人类塑造的地球。

克鲁岑和斯托莫其实并没有提出全新的观点来佐证这个时代性变革。事实上，之前就存在类似的观点阐述。19 世纪，一位名叫安东尼奥·斯托帕尼的意大利牧师（后来成为米兰一所大学的地质学教授）对化石很感兴趣，他用“人类世时代”这个词来概述他从周围观察到的人为变化。斯托帕尼描绘了一幅充满诗意的画面，他说：“人类是一种全新的地球力量，它的力量和普遍性使其即使面对地球上最强大的力量也毫不逊色。”[2]

大约同一时期的美国人托马斯·张伯林用“灵生代”这个词来表达类似的观点。“人类是地质学史上最重要的有机组织，”张伯林说道，但他的话没有他的意大利同行那么浪漫，“地质过程中的有机和无机组织都受到人类的强烈影响。”[3]俄罗斯地质学家阿列克谢·巴甫洛夫——注意不要和那位著名的拥有一只会流口水的狗的巴甫洛夫混淆——可能是第一个在1922年创造出“人类世”这个词的人。但是由于当时人们缺乏生态意识，地球又看起来仍然大到难以估量，这些早期人物都未能使“人类主导的时代”这个概念在公众意识中真正建立起来。

相隔几代之后，一位当代作家开始推广这一观点的现代版本。当《纽约时报》专栏作家安迪·雷夫金[4]在20世纪90年代中期使用“天光”一词来概括这一新时代精神时，“环保运动”和《联合国气候变化框架公约的京都议定书》的概念已得到普及。就像麦吉本意识到“自然的终结”一样，雷夫金知道大事正在发生。但是，雷夫金选择了一个不太悦耳的词（或许也与他没有“诺贝尔奖获得者”这一头衔的加持有关），这意味着他未能普及这一激进的地质学观点。

也许是在世纪之交对历史的反思的推动下，克鲁岑和斯托莫的文章终于成功地提出了人类主宰时代的观点。“人类世”的观点之所以盛行，并不是因为人们特别关心地质学，而是因为人们关心“人类时代”意味着什么。它是关于人类力量的重大声明，无论人们是爱它还是恨它，都得接受它。人类在地质学甚至天文学上具有重要意义，这种观念逐渐被接受。这个词很快摆脱了学术会议和诸如《自然地球科学》《地球物理学研究杂志》等期刊的限制，成为一个充满活力的流行词汇。《时代》《国家地理》《经济学人》将这个词从大学背景引入更广泛的文化。人们可能仍然不太关心岩石，但人们关心能够塑造整个星球的希望。

由于这个概念的盛行，全球著名的地质学家一直在考虑是否正式使用克鲁岑和斯托莫创造的新概念。最终有决定权的是国际地质科学联合会，因其工作的重要性，环境作家罗伯特·麦克法兰称其研究人员为“地球科学的修道士和哲学家”。该联合会的决定主要基于一个名为“国际地层委员会”的小组的建议。

两年多来，国际地层委员会委托几十名有资质的研究人员调查气候科学、生物学、水文学、地球科学、古生物学和其他学科的大量证据，以评估是否有必要命名一个新纪元。在2016年1月发表在《科学》杂志上的一篇文章中，这些研究人员得出初步结论，即地球确实从功能和地层的角度离开了全新世，进入了人类世。接下来的几年，国际地层委员会将决定是否接受工作组的建议并将其提交到下一阶段，届时国际地质科学联合会将决定是否通过这一提议。

这个过程也许要花上一段时间。官方事务若是放在地质年代的尺度上衡量，大都不会太紧迫。然而，将重新命名正式化的车轮正在滚滚向前。考虑到它鲜有发生，过渡到一个新的行星时代将具有里程碑式的意义，甚至进入新千年都显得没那么重要。这种历史上的转折点每一千年就会出现一次。然而进入新的地质时代可是极不规律的，要隔上几百万年才会出现一次。

这样的指定也会有些奇怪。还没有其他地质时期是从它刚开始的那一刻就拥有自己的名字。事实上，之前所有的地质时代只有全新世是在还未结束时就被命名了，然而那时全新世已经过了 11 500 年。尽管国际地层委员会的工作小组给出了令人信服的理由，认为人类已经跨越一个临界点，全新世已经过去，但目前很多人仍质疑这是最合适的方式。对于一些人来说，用自己的名字来命名刚刚开始的新时代是狂妄自负的。其他更习惯于此的人会问为什么要如此匆忙地决定此事。

关于时代变迁的讨论似乎一开始就乱了步伐。人类在每一个偏远的海湾、每一个山顶、每一块大陆上偶然留下自己的印迹，这一事实无疑是我们自省的主要原因。但现在似乎并不是通过命名新时期来彰显人类力量的合适时机。关于未来几千年的轮廓，很多问题有待确定。新时代伊始，我们对于它将会变成什么样子或应该会变成什么样子知之甚少。

我们能知道的是，从这一刻开始，一部分人将拥有重塑自然世界的超凡能力。人类将第一次接手大自然数十亿年来扮演的角色，并开始发挥主观能动性。气候、生态学和分子生物学将逐渐被它们的合成版本取代。地球的大多数形成过程将逐渐由人类主导。

或许是受到在蒙大拿州阿尔伯特·博格曼那里学到的海德盖里安哲学的影响，气候工程师戴维·凯斯冷静地解释了我们所处的历史时刻："在发明切石工具大约一百万年之后，在农业出现了一万年之后，在莱特兄弟发明飞机的一个世纪之后，人类发明协作工具的本能给我们带来了操纵自己的基因组和地球气候的能力。"[5]

凯斯敏锐地感受到合成生物学、气候工程和类似技术进步所释放的力量。他没有回答的问题是，我们是否应该积极承担这些新的力量，并越来越深入地参与重塑我们自身和世界的活动。如果凯斯因为提倡气候工程研究而支持一种毫无顾忌的行星管理方式，这一定并非他的本意。北极荒野的滑雪之旅对他来说仍然意义重大。这位犹豫的气候工程师承认，他仍然渴望一个超出人类能力的自然世界。

很容易理解为什么人们会倾向于支持克鲁岑和他的同伴倡导的实际操作的方法。作为一个物种，智人本质上是实干家和修理师。我们实际上是在弥补对行星系统造成的巨大破坏。通过一系列新技术，我们现在有能力去修复一些损坏，即使这意味着需要重新校准地球某些运行法则。如果处理得当，工程师和生态系统管理者能够巧妙地改造地球，使其更能抵御人类的过度行为。在这个过程中，我们或许能够绕过以前严格的生态限制，扭转我们认为永久性的危害。随着行星系统的更新和更具弹性，一个更乐观的未来可能在等着我们。环境可能变得不那么脆弱。经济增长也会受到更少的限制。生态现代主义者、气候工程研究支持者简·朗说，进入这个新时期的几十年后，我们都将学会在我们自己创造、管理和培育的世界中发现美。通常情况下，我们会爱上我们真正关心的东西。

朗、克鲁岑和其他生态现代主义者相信这些步骤适当且必需。我们现在生活在一个全然不同的星球上，这里有着不同的交战规则。我们必须认识到这一点。克鲁岑认为，我们木然地接受旧的思维方式令人遗憾。“很遗憾，我们仍然生活在全新世的时代。”[6] 他认为人类最好承认时代的变化，并开始打一场全新的游戏。

毫无疑问，我们需要一种不同的、更有自我意识的游戏的说法是有一定道理的。毕竟现在情况不同。但是，许多支持麦吉本的人并不赞同克鲁岑所说的这个更有自我意识的游戏。许多人认为，在我们认识到人类的影响之后，加大对自然秩序的干预力度是一个巨大的错误。

蒙大拿州的自然作家里克·巴斯说："自然向人造逐渐蜕变的后果远不止发人深省。"[7] 当我们采取一种具有侵略性的干预方式时，我们必须接受的东西会变得越来越少。物理世界和生物世界变得越来越具有偶然性，随时准备接受人类随心所欲的重塑。这个世界比以往任何时候更像人类的世界，我们承担起塑造它的未来及人类的未来的全部责任。

毫无疑问，这是巴斯所言发人深省的一部分——我们别无选择，也没有其他人可以责怪，这只是我们自认为最佳的不完美决定。杰森·马克担心，随着科技的发展，这个世界会变得越来越像一个由镜子组成的大厅，我们看到的每一个地方都是自己的映像。他把这种改变一切的冲动称为"地球尺度上的物种自恋"。如果没有独立的自然来抗衡我们的欲望，我们有可能失去理智。

巴斯、马克和其他拒绝加大干预力度的人也担心我们可能会误判我们对这个由人类创造的世界所拥有的确定性和控制权。尽管人类认为自己拥有神一般的能力，但我们应该认识到，无所不能和无所不知从来都不是人类的专长。变化无常的力量仍然深深存在于生物学、地质学和缓慢进展的行星历史中。我们可能会忘记在这个充满活力、生机勃勃的星球上依然存在着固有的野性。长期以来，我们对这些力量的反应是双重的。它们不仅是我们应该谨慎对待的力量，也是我们应该深深敬佩的力量。

20 世纪 90 年代初，一个私人基金会开始了一项大胆的实验，它在亚利桑那州的沙漠上建造了一个名为“生物圈 2 号”的设施来模拟一个功能完整的生态系统。其目的是创建一个完全独立的生物生命维持系统，该系统可以维持少量人类存活两年。它的名字反映了人们试图重建一种与地球极其相似的生态系统，使用现有的最好的技术和科研力量去建造设备。这个规模很小的实验可能是人类合成地球的最新尝试。

虽然吸取了一些教训，但人们普遍认为生物圈 2 号是一个令人尴尬的失败。这个未来的“生物仓”无法提供一个宜居的世界，这既是人类功能障碍的结果，也是由结构和生态设计上的重大失败导致的。生物圈 2 号的设计者对他们建立的生态系统有太多的不了解。此外，在一个完全人造的环境中，进驻者的社会动态是设计者们没有预料到的事。

“生物圈 2 号”算是人造时代的一个警示性寓言。尽管现在看来，人类对地球未来的重大影响是不可避免的，但无法保证最清醒的、经过深思熟虑的合成地球的尝试会像想象中那样成功。自然系统和文化系统中仍然存在的不可预测性证明了这种不可能性。无论是生物学还是社会，都不可能长期顺从人类的设计。

这些尚在商讨中的项目发出的危险信号是显而易见的。在环境中自由设置自我维持和自我复制的机器或生物体来为人类服务似乎并不可取。设计有可能在我们身上发生突变的基因组是一场大赌博，尤其是当我们仍然无法弄清基因组和微生物之间的关系时。试图管理气候系统这样庞大而混乱的物理系统，不仅本质上很危险，还有些过分自信。在人类警惕的目光之外启动一系列难以逆转的生物和生态过程，显然会创造出一个会恶意攻击人类的人造时代。

此外，自然世界的壮丽和奇迹也会让人类放缓前进的脚步。穆勒、利奥波德和无数其他环境思想家所欣赏的世界复杂而美丽，这是漫长而无法预测的进化史诗带来的产物。这个史诗不是策划或设计而来的。它只是以一系列主要由运气和偶然操控的事件的形式自然发生的。作为历史演变的一部分，灾难性的事件也不可避免，其中许多给人类带来极大痛苦，甚至造成浩劫。即使是由善意的技术人员来操纵基因组、生态系统和气候，这些灾难也在所难免。

这些生物和地质现实意味着我们需要在过渡时期认真思考未来的方向。人类的巨大影响意味着我们对地球的责任也随之增加。毫无疑问，在即将到来的时代，我们做出的决定将塑造地球及其生态。但关于方向的重大选择问题仍然存在。一个可能的选择是人造时代能够完全掌控被扰乱的行星运行方式，并按照工程师认为的更好的方式对其进行彻底改造；另一个是相对低调的时代，人们在某些领域谨慎创新，在另一些领域修修补补。二者都有各自的优点，但我们应该警惕那些将我们过快拉向某个方向的诱惑。我们应该弄清楚谁在为我们做这些决定，他们的目的是什么。

政治史可以很好地说明，当人们知道自己的未来由远在天边的社会精英决定时，他们会多么愤怒。纵使“脱欧”公投和2016年唐纳德·特朗普参加总统选举中充满了无情的事实操纵和可悲的真相扭曲，这两场政治运动也都取得了成功，这表明远在布鲁塞尔或纽约市大型银行里的人正在以符合自身利益而非大众利益的方式决定人类的未来。大多数选民认为这是一种本质上的不公正，亟须改正。

人造时代还有许多方面危如累卵，类似的担忧也符合事实。埃斯维尔特推荐的科学方法认为，当风险很高时，人们不应该任由他人决定自己的未来及他们周围环境的未来。利益相关者应该有机会了解他们的未来，并针对他们是否真的想要这种未来得到中肯的意见。如果这种意见只是一种事后选择，比如决定是否购买某种特定的终端产品，那么实际上大部分已经由他人决定。关于地球上正在发生的事情，很多人被蒙在鼓里。

在人造时代初期，自然的未来不应该仅由可能性决定。“可能”绝不等于“应该”。未来的世界必须由尽可能多的人参与并讨论。这其中一些人将是具有相关技术和知识的高素质专家，更多的人将会是教师、父母、工人、退休员工、年轻人和那些即将出生的后代。正如杰迪代亚·珀迪警告的那样，最好不要因随波逐流或疏忽怠慢就落入未来的陷阱。我们必须尽可能地了解引领未来的技术，并积极参与有关技术形式的讨论。未来必须尽可能经过深思熟虑的选择。

做出重大选择一直都不是一件容易事。为整个地球做出无法改变的选择更是史无前例。但此时此刻，我们已经改变了太多，所以我们不能袖手旁观、坐视不理。我们需要尽可能多地考虑各种选择，尽可能彻底地调查和研究。认真、公正、包容地开展讨论，这或许是我们这个时代最应该也最重要的政治任务。这同样也是一个我们不能再逃避的问题。

关于人造时代的样子，其复杂的讨论无疑令人生畏，但这绝不是绝望的理由。毕竟，能够慎重思考摆在我们面前的选择，并且胜过其他灵长类动物是我们独特的天赋。这是作为智人和智慧物种的负担以及快乐。

后 记

2015年8月7日，一位徒步者的尸体出现在离美国黄石国家公园象背圆环步道约半英里的地方。公园管理处称这名徒步者被一头灰熊咬伤，并被吃掉了部分肢体。在附近区域出没的一头母熊和两只灰熊幼崽很快就被搜寻到。母熊随即被抓获，经DNA检测证明，母熊就是袭击徒步者的“凶手”。母熊被执行了安乐死，两只灰熊幼崽被带离黄石公园，在俄亥俄州的一所动物园里度过了余生。

被灰熊袭击的徒步者兰斯·克罗斯比是公园里一家诊所的雇员，他深受同事们的喜爱，已经在公园里工作了5年，熟知公园哪里有危险。在袭击发生时，克罗斯比也许在健步走，试试前一周受伤的脚踝是否已经恢复。他的朋友告诉公园管理部门，克罗斯比经常独自徒步，从来没有带过防身喷雾。尽管克罗斯比知道公园并不推荐这种方式，但他有丰富的经验，他知道应该提防什么。

克罗斯比的妻子说，她的丈夫很喜欢黄石公园的风景，而且一直对熊有浓厚的兴趣。出于对自然的观察，克罗斯比无疑已经意识到黄石公园正在发生变化。他发现气候变化已经改变公园的季节性节律，并开始影响公园的植被。他还发现夏季旅游旺季反常般地提前到来，他担心夏末秋初森林大火的风险会不断加大。

克罗斯比也注意到，从很多方面来看，公园是一个精心建造的景观。自 1872 年开始建造公园时，班诺克族和肖肖尼族印第安人就被迫离开这片土地。他知道公园的生物学家正忙着从黄石湖中清除外来的鳟鱼。他意识到在冬季为了减少布鲁氏菌病在蒙大拿州牛群中传播，北美野牛面临被捕杀或进行集中管理。他在公园里见过戴着笨重的无线电项圈的狼，这样就可以供无数的生态学家和野生动物学家研究。毫无疑问，他也看到公园管理局的工作人员拖着巨大的陷阱，来捕捉熊或将它们迁移到分布数量更少的地方。

大量人为管理——马里斯称之为“栽培”——使黄石公园能够维持游客期望看到的样子。如果克罗斯比读过艾玛・马里斯或盖亚尼・文斯的作品，他也许会意识到过去 5 年的美丽风景已经属于后自然或后荒野时代了。当然他也会知道，如今被深度人为管理的公园已经缺失一万年前甚至 150 年前存留的自然气息。

然而，当那头母熊出现在离他不远的地方时，克罗斯比可能在那可怕的几秒钟内意识到：黄石公园远不属于后荒野时代，现在不是，以后也不是。许多形成古火山口及其生态的过程仍然存在并运行，冬天里暴风雪仍旧肆虐大地，夏天里山火仍然熊熊燃烧，进化压力仍然对生物群起作用，光合作用仍然持续，捕食行为仍然存在，防御行为在公园的动物群中代代延续。尽管熊类在北美大陆已生存五万年，其野性冲动稍微减少，但袭击克罗斯比的熊仍然被强烈的野性驱使着。这种野性是野生动物学家或公园管理员的任何行为或干预都无法抹除的。换句话说，野性在黄石国家公园仍占有一席之地，仍然潜伏在一个管理日益完善的系统的裂缝中。

事实上，野性会谜一般地出现在人造未来的每一个元素中。它不仅会继续存在于生态景观和身居其中的掠食者中，还会存在于我们企图发展的每一种技术中。它将存在于德雷克斯勒担心会失控并把地球变成“灰色黏质”的纳米机器人中。它将存在于文特尔认为绝不能从实验室泄漏或具有致病性的合成生物体中。它将继续贯穿于生态系统管理者开启、通过积极的物种迁移以期增加物种数量的“生态轮盘赌”中。它将突然出现在弄巧成拙的太阳辐射管理、造成位置向东偏离 500 英里且晚到了一个月的更加强烈的季风中。它将潜伏在实验室里每一个合成的人类基因组中。每一项技术和实践都会保留野性的痕迹，而这种野性完全蔑视人类的计划和欲望。

野性将继续存在，不仅是作为我们所构建的技术的属性，也将作为构建者本身的属性。随着社会性动物和其他生物不断自发进化出新的行为模式来应对一直变化的环境，个体和种群都将永远处于野性的控制中。有魅力的个体会迅速被群体团团围住。广泛的文化行为将发生意想不到的转变，或许是以激进的政治运动形式，或许是新技术迅速被采用，再或许是原教旨主义的祸害。一位上了年纪的妇人即使多年来都按照同一路线步行去当地的商店，也会突然改变行走的路线。我们所有人的自发性将继续以无法预料的方式促成人类突出的成就，或者可怕的政治失败和经济失败。

如此看来，野性永远是一种好坏参半的存在。它确保了我们无法掌控这个美丽、自发且迷人的不可预测的世界，这些将永远与我们的发明相伴。在不断进化的物种和生态圈中，在捕食者和猎物之间的生死较量中，在突如其来的大雨和绚烂的彩虹中，在塑造地球的永恒物理规律中，不论我们选择创造怎样的“塑新世”，野性都会带给我们神秘和奇迹。野生动物和荒野景观所表现出来的自主性以及对人类目标的漠视，对我们理性看待自己的计划和梦想至关重要。

然而，这种野性也存在两面性，忘记这一点是愚蠢的。由于它的变化无常、不可预测以及不断超出人类预期的能力，野性会确保重塑地球永远是一场高收益的游戏。当我们深入地融入一个星球的运作中，我们是不可能预测出人类行为带来的所有后果的。受惑于科技的崇高之美是一件风险极高的事情。

地质时代命名的齿轮已经开始转动，不久以后，地质学家可能会将我们的时代重新命名为“人类时代”。到那时候，我们可以借机深吸一口气，审视我们周围的一切并进行反思。重新命名会传达一些关于我们是谁以及我们想要怎样的未来这样的重要信息。但是，人类最好能在跨入新时代之前多反思一下，多迟疑一步。或许我们就会意识到尽管我们的初衷是好的，但大自然和它所包含的数十亿快速变化的生命不太可能完全按照人类的意愿行事。纵使地球科学的宗教人士和哲学家已经把下一个时代命名为人类自己的时代也无济于事。

注　释

引　言

1. A gaff is a wooden or metal club with a steel hook embedded in its end that is designed to help fishermen haul big fish over the side of a fishing boat.
2. The prefix *anthropo-* is derived from a Greek word for "human."
3. Paul Crutzen with Christian Schwägerl, "Living in the Anthropocene: Toward a New Global Ethos," *YaleEnvironment360*, January 14, 2011, http://e360.yale.edu/features/living_in_the_anthropocene_toward_a_new_global_ethos.
4. Throughout this book, I use the terms *Synthetic Age* and *Plastocene* interchangeably. Both terms suggest that a world that was once the product of natural processes increasingly is becoming something we deliberately construct.
5. A further reading section at the end of the book points toward some of the sources of the ideas described. Endnotes and citations are kept to a minimum.

第1章

1. Feynman, "There's Plenty of Room at the Bottom."
2. It is still not possible to "see" anything at the atomic scale because the wavelength of the light we use to see is much greater than the diameter of an atom. A scanning tunnel microscope can, however, create a visual representation of what is going on down there by using a current to provide an electrical representation of what an atomic surface or arrangement "looks" like.
3. Quoted in Joachim Schummer and Davis Baird, eds., *Nanotechnology Challenges: Implications for Philosophy, Ethics and Society* (Singapore: World Scientific, 2006), 421.
4. Banana Boat also reassured advocates who might take a stand against cruelty to innocent fruits that its products do not contain any bananas.
5. Mark R. Miller, Jennifer B. Raftis, Jeremy P. Langrish, Steven G. McLean, Pawitrabhorn Samutrtai, et al., "Inhaled Nanoparticles Accumulate at Sites of Vascular Disease," *ACS Nano* 11, no. 5 (2017): 4542–4552.
6. U.S. Environmental Protection Agency, "Chemical Substances When Manufactured or Processed as Nanoscale Materials: TSCA Reporting and Recordkeeping Requirements," 2017, https://www.regulations.gov/document?D=EPA–HQ–OPPT–2010–0572–0137.

第2章

1. A striking picture of this first piece of molecular manufacturing is widely available online and is worth looking at.
2. Sündüs Erbaş–Çakmak, David A. Leigh, Charlie T. McTernan, and Alina L. Nussbaumer, "Artificial Molecular Machines," *Chemical Reviews* 115, no 18 (2015): 10157.
3. Drexler, *Engines of Creation*.

4. Open letters between Drexler and Smalley published in *Chemical and Engineering News* 81, no. 48: 37–42, http://pubs.acs.org/cen/coverstory/8148/8148counter point.html.

第3章

1. A final and even more precise version of the human genome map was released in 2003, after which the Human Genome Project was formally declared finished.

第4章

1. Quoted by Andrew Pollock in "His Corporate Strategy: The Scientific Method," *New York Times*, September 4, 2010, http://www.nytimes.com/2010/09/05/business/ 05venter.html.
2. Bill Joy, "Why the Future Does Not Need Us," *Wired* 8, no. 4 (April 2000), https:// www.wired.com/2000/04/joy–2.
3. After faltering technological progress and a fall in oil prices in 2014, Exxon scaled back its investment in synthetic biofuel technology. A 2017 breakthrough has reignited the company's enthusiasm. See Imad Ajjawi, John Verruto, Moena Aqui, Leah B. Soriaga, et al., "Lipid Production in *Nannochloropsis gaditana* Is Doubled by Decreasing Expression of a Single Transcriptional Regulator," *Nature Biotechnology* 35, no. 7 (2017): 645–652.
4. J. Craig Venter Institute press release, "First Self–Replicating Synthetic Cell," May 20, 2010, http://www.jcvi.org/cms/press/press–releases/full–text/article/first–self–replicating–synthetic–bacterial–cell–constructed–by–j–craig–venter–institute–researcher.
5. McKibben, *The End of Nature*, 213–214.
6. Paul Crutzen, "The Geology of Mankind," *Nature* 415 (January 2002): 23.

第5章

1. Leopold, "Marshland Elegy," in *A Sand County Almanac*.
2. Leopold, "The Outlook," in *A Sand County Almanac*.
3. An exchange at the Aspen Environmental Forum (2012) recounted at http://grist.org/living/save-the-median-strip-or-how-to-annoy-e-o-wilson.
4. Emma Marris, "Handle with Care," *Orion Magazine*, May/June 2015, https:// orionmagazine.org/article/handle-with-care.
5. Marris, *Rambunctious Garden*.
6. Ellis, "The Planet of No Return" ; and Erle C. Ellis, "Too Big for Nature," in *After Preservation: Saving American Nature in the Age of Humans*, ed. Ben Minteer and Stephen Pyne (Chicago: University of Chicago Press, 2015), 26.
7. Federal Ministry for the Environment, Nature Conservation, and Nuclear Safety, "National Strategy on Biological Diversity," 2007, http://www.bmub.bund.de/ fileadmin/bmu-import/files/english/pdf/application/pdf/broschuere_biolog_vielfalt_ strategie_en_bf.pdf.
8. Stephen Jay Gould, *Time's Arrow, Time's Cycle: Myth and Metaphor in the Discovery of Geological Time* (Cambridge, MA: Harvard University Press, 1987), 3.

第6章

1. Due to the salvational nature of the technique, some have suggested calling it the biblical-sounding *directed diaspora*.
2. Stephen G. Willis, Jane K. Hill, Chris D. Thomas, David B. Roy, Richard Fox, David S. Blakeley, and Brian Huntley, "Assisted Colonization in a Changing Climate: A Test-Study Using two U.K. Butterflies," *Conservation Letters* 2, no. 1 (2009): 46–52. DOI: 10.1111/j.1755-263X.2008.00043.x.

3. Robert Elliott, *Faking Nature: The Ethics of Environmental Restoration* (New York: Routledge, 1997).
4. Fred Pearce argues that many of these attempts to correct “mistakes” are both a waste of money and ecologically unnecessary.
5. In 2017 the first human embryos were edited using the CRISPR technology. Hong Ma, Nuria Marti–Gutierrez, Sang–Wook Park, Jun Wu, et al., “Correction of a Pathogenic Gene Mutation in Human Embryos,” *Nature* 548 (August 2, 2017), doi:10.1038/ nature23305.
6. Emma Marris, “Humility in the Anthropocene,” in *After Preservation: Saving American Nature in the Age of Humans*, ed. Ben A. Minteer and Stephen J. Pyne (Chicago: University of Chicago Press, 2015), 48.
7. Anticipating a future need for the DNA of today’s vanishing species, several organizations are collecting the genomes of existing species in the hope that, at some point in the future, these samples might prove useful. Examples include the Frozen Ark project in Nottingham, UK, and the Frozen Zoo at the San Diego Zoo’s Institute for Conservation Research.
8. If the idea of bringing an extinct species back from the dead sends chills up your spine, consider that similar technologies could be used to create cross–species clones of living but highly endangered species like the Javan rhinoceros. DNA from surviving Javan rhinos could be inserted into the eggs of close but less endangered relatives like Sumatran rhinos. People might think it better to have a cloned Javan rhino walking through the Indonesian jungle born of a Sumatran rhino mother than to have no Javan rhinos at all.
9. Stewart Brand, “The Dawn of De–extinction: Are You Ready?,” TED Talk, https:// www.ted.com/talks/stewart_brand_the_dawn_of_de_extinction_are_you_ready/ transcript?language=en.
10. Quoted in “Mammoth Genome Sequence Completed,” BBC News, April

25, 2015, http://www.bbc.com/news/science–environment–32432693.

11. Scott R. Sanders, "Kinship and Kindness," *Orion Magazine*, May/June 2016, 34.
12. Kevin Esvelt, George Church, and Jeantine Lunshof, "'Gene Drives' and CRISPR Could Revolutionize Ecosystem Management," *Scientific American,* July 17, 2014, https://blogs.scientificamerican.com/guest–blog/gene–drives–and–crispr–could–revolutionize–ecosystem–management.
13. Sanders, "Kinship and Kindness."

第7章

1. International Agency for Research on Cancer, press release no. 180, December 5, 2007, https://www.iarc.fr/en/media–centre/pr/2007/pr180.html.

第8章

1. Alvin Weinberg, *Reflections on Big Science* (Cambridge, MA: MIT Press, 1967).
2. One problem with technical fixes like antilock brakes is that they can give people a false sense of security. People usually react to that changed sense of security by driving faster, hence eradicating some of the benefits that should have been gained.
3. This field is also called *geoengineering* and sometimes *climate remediation*, although *climate engineering* has recently become the preferred term.
4. Paul J. Crutzen, "Albedo Enhancement by Stratospheric Aerosol Injection: A Contribution to Resolve a Policy Dilemma?," *Climatic Change* 77 (2006): 211–219. DOI: 10.1007/s10584–006–9101–y.
5. The oceans have already given us a temporary reprieve from considerable

warming by naturally absorbing 30 to 40 percent of the carbon dioxide humans have emitted as well as up to 90 percent of the heat those remaining greenhouse gases are trapping.

6. At the end of the book *The End of Nature*, in an act of defiance, McKibben declares that he refuses to accept the "clanging finality" of the position he just spent a couple of hundred pages defending. He decides to throw himself into fighting climate change, "hoping against hope" that this irreversible loss can be prevented.
7. Paul J. Crutzen, "Geology of Mankind" *Nature* 415 (January 3, 2002): 23.

第9章

1. Another reason that the prospect of spraying any kind of aerosol into the sky is sure to generate a hostile reception is the so-called chemtrail conspiracy theory. Chemtrail conspiracy theorists worry that some nefarious government power is already spraying chemicals out of commercial airplanes in order to exert control over the unsuspecting public below. Proposing to do something similar as a response to climate change stirs suspicion.
2. Royal Society, "Geoengineering the Climate: Science, Governance, and Uncertainty," 2009, https://royalsociety.org/~/media/Royal_Society_Content/policy/publications/2009/ 8693.pdf.
3. Another global climate impact connected to the rear ends of mammals is the suspected massive reduction of methane emitted into the atmosphere by the overhunting of herbivores in the late Pleistocene and Holocene. Although these extinctions and the attendant reductions in methane emissions could have caused some temporary global cooling, any trend in that direction has been reversed by the addition of billions of highly flatulent domesticated animals to satisfy humanity's hunger for meat.

4. Naomi Klein, "Geoengineering: Testing the Waters" *New York Times*, October 27, 2012, http://www.nytimes.com/2012/10/28/opinion/sunday/geoengineering–testing–the–waters.html.
5. Sabine Fuss, Josep G. Canadell, Glen P. Peters, Massimo Tavoni, et al., "Betting on Negative Emissions," *Nature Climate Change* 4, no. 10 (2014): 850–853.
6. Massimo Tavoni and Robert Socolow, "Modeling Meets Science and Technology: An Introduction to a Special Issue on Negative Emissions," *Climatic Change* 118 (2013): 13.
7. David Keith's Carbon Engineering made the shortlist of companies being considered for this prize.
8. Shortly after the end of the Vietnam War, an international treaty known as ENMOD (the Convention on the Prohibition of Military or Any Other Hostile Use of Environmental Modification Techniques) banned the use of weather modification as a military strategy. Some commentators have suggested that the sentiment behind ENMOD should also apply to proposed efforts at climate engineering.
9. Jason Mark, "Hacking the Sky," *Earth Island Journal* (Autumn 2013), http://www.earthisland.org/journal/index.php/eij/article/hacking_the_sky.
10. This phrase was first used by Dipesh Chakrabarty in "The Climate of History: Four Theses," *Critical Inquiry* 35, no. 2 (2009): 197–222.

第10章

1. George Whitesides, "The Once and Future Nanomachine," *Scientific American*, September 16, 2001, 75.
2. They later renamed the project "Human Genome Project—Write" in order to contrast it with the project completed during the Clinton presidency, which they referred to as "Human Genome Project—Read."

3. Quoted in Joel Achenbach, "After Secret Harvard Meeting, Scientists Announce Plans for Synthetic Human Genomes," *Washington Post*, June 2, 2016.
4. Collins, quoted in ibid.
5. Charles Lieber, quoted in Simon Makin, "Injectable Brain Implants Talk to Single Neurons," *Scientific American* (March 1 2016), https://www.scientificamerican.com/ article/injectable–brain–implants–talk–to–single–neurons.
6. Drew Endy and Laurie Zoloth, "Should We Synthesize a Human Genome?," open letter, May 10, 2016, https://dspace.mit.edu/bitstream/handle/1721.1/102449/Should WeGenome.pdf?sequence=1.
7. J. Craig Venter, quoted in Maggie Fox, "Synthetic Stripped–Down Bacterium Could Shed Light on Life's Mysteries," NBC News, March 24 2016, http://www.nbcnews.com/health/health–news/little–cell–stripped–down–life–form–n545081.
8. Kurzweil, *The Singularity Is Near*, 296.
9. Templeton Prize–winner Holmes Rolston III has talked about "three big bangs" that mark the most significant developments in the history of the universe. These three bangs are the start of the universe itself, the start of life, and the start of mind. The Singularity, should it happen, is something Kurzweil might choose to classify as a fourth big bang.
10. Views associated with Descartes are known as *Cartesian* after the Latin translation of his name—Cartesius.
11. A field known as *simulation theology* has arisen to explore the link between ideas like Kurzweil's and Christian theology.
12. Quoted in Michael Specter, "Rewriting the Code of Life," *New Yorker*, January 2, 2017, 36, http://www.newyorker.com/magazine/2017/01/02/rewriting–the–code–of–life.

第11章

1. Crutzen and Stoermer, "The Anthropocene," 17.
2. Antonio Stoppani, "Corso di Geologica," in *Making the Geologic Now: Responses to Material Conditions of Contemporary Life*, ed. Elisabeth Ellsworth and Jamie Kruse, trans. Valeria Federighi and Étienne Turpin (New York: Punctum Books, 2013), 34–41.
3. Thomas C. Chamberlin, *Geology of Wisconsin: Survey of 1873–1879* (Madison, WI: Commissioners of Public Print, 1883).
4. This is the same Andy Revkin who suggested that humanity might get queasy at the prospect of climate engineering.
5. David Keith, *The Case for Climate Engineering* (Cambridge, MA: MIT Press, 2013), 173.
6. Crutzen and Schwägerl, "Living in the Anthropocene."
7. Rick Bass, quoted in Bogard, *The End of Night*.